Edgar Ademar Pérez Matos
Santiago G. Valverde Espinoza
César Marino Basurto Contreras

Modelos matemáticos aplicados a conminución

Edgar Ademar Pérez Matos
Santiago G. Valverde Espinoza
César Marino Basurto Contreras

Modelos matemáticos aplicados a conminución

Matemática aplicada a la Metalurgia

Editorial Académica Española

Imprint
Any brand names and product names mentioned in this book are subject to trademark, brand or patent protection and are trademarks or registered trademarks of their respective holders. The use of brand names, product names, common names, trade names, product descriptions etc. even without a particular marking in this work is in no way to be construed to mean that such names may be regarded as unrestricted in respect of trademark and brand protection legislation and could thus be used by anyone.

Cover image: www.ingimage.com

Publisher:
Editorial Académica Española
is a trademark of
Dodo Books Indian Ocean Ltd. and OmniScriptum S.R.L publishing group

120 High Road, East Finchley, London, N2 9ED, United Kingdom
Str. Armeneasca 28/1, office 1, Chisinau MD-2012, Republic of Moldova, Europe
Printed at: see last page
ISBN: 978-620-2-16219-7

Universidad Nacional de Ingeniería

Modelos matemáticos aplicados a conminución

Chancado y Molienda

Edgar Ademar Pérez Matos

Santiago G. Valverde Espinoza

César Marino Basurto Contreras

Volumen II

UNI LIMA PERU

EDGAR ADEMAR PEREZ MATOS
Ingeniero Metalurgista: profesor –Investigador. Escuela profesional de Metalurgia. Universidad Nacional de Ingeniería. Lima, Peru. Capacitado en modelos matemáticos aplicados en procesos reales. Publicación de temas de investigación en revista científica indizada- tecnia. Investigador adjunto en Optimización de procesos Continuos.

SANTIAGO G. VALVERDE ESPINOZA
Ingeniero Metalúrgico; Profesor Principal–Investigador. Escuela profesional de Metalurgia. Universidad Nacional de Ingeniería. Lima, Perú. Fiscalizador-Supervisor ambiental en minería y en plantas de Procesamiento de Minerales. Adjunto al Organismo de Evaluación y Fiscalización Ambiental.

CESAR MARINO BASURTO CONTRERAS
Ingeniero Metalurgista: Profesor Principal - Investigador. Facultad de Ingeniería Metalúrgica y de Materiales. Universidad Nacional del Centro del Peru. Huancayo. Peru. Integrante del centro de investigaciones de la Facultad de Ingeniería Metalúrgica y de Materiales. Fiscalizador en plantas metalúrgicas en seguridad y salud ocupacional

*A mis padres…a mi hermano
Reynaldo Pérez Matos
Quien siempre estimuló el saber…el conocimiento.*

RESUMEN

La tecnología del modelamiento matemático en procesamiento de minerales, busca desarrollar ecuaciones capaces de predecir los resultados en función de las condiciones operacionales. Por consiguiente, se mostrará ciertas bases teóricas y manifestaciones matemáticas que relacionen, o se vinculen al proceso de conminucion; es decir reducir las partículas hasta una granulometría que corresponda la liberación de los minerales de la roca. (chancado-molienda). Dada su importancia impulsa en detallar como están constituidos los modelos matemáticos; pues en esta oportunidad se intentará analizarlo iniciando con modelos matemáticos ya realizados y con los ya consolidados, pero con la convicción o posibilidad de poder mejorarlos.

Posteriormente conseguido y definido tal modelamiento robustecerlo consistentemente, hasta consolidarlo a través de un lenguaje computacional (software), que por cierto aprovechamos sus bondades, vale decir ingresar datos para obtener resultados. Sin lugar a dudas es una herramienta muy importante que complementará su nivel académico y desempeño profesional. Consecuentemente poder simular (asemejar) procesos a nivel laboratorio (bactch) e industriales (reales continuos), hasta llegara optimizar los procesos requeridos.

Modelamiento matemático

Conminucion (reducción dimensional)

Chancado - Molienda

Etapa de chancado

- Modelamiento matemático aplicado a chancado.

Etapa de molienda

- Modelamiento matemático aplicado a molienda batch.

Aplicaciones reales

- Caso 1, Caso 2, Caso 3.

LISTA DE FIGURAS

LISTA DE TABLAS

Capítulo 1
Conminución

1.1   Introducción

Los procesos de conminación (chancado - molienda) tienen por objetivo reducir el tamaño de las partículas hasta la granulometría que les corresponda, consecuentemente lograr la liberación de los minerales contenidos en la mena (roca).

Inicialmente nos ocuparemos del proceso de conminución en la etapa de chancado (trituración-fragmentación), analizando el desempeño de las chancadoras de quijadas, que tienen mucha afinidad con las giratorias, cónicas estándar ó de cabeza corta – short head. Posteriormente analizaremos la etapa de molienda con el molino de bolas a nivel laboratorio. Y mediante el uso adecuado del modelo matemático (a tratar); poder determinar el rango operativo que le compete (optimización), al equipo en mención.

Basándonos en ciertos conceptos y funciones matemáticas involucradas en balance poblacional y probabilístico, quienes además constituirán el modelamiento matemático, siendo este a su vez el fiel reflejo del acontecer real manifestado en eventos continuos y constantes en procesos metalúrgicos. Así mismo cabe mencionar que la función clasificación, función fractura y la función selección principalmente, serán tratadas y analizadas en el transcurso del tema a desarrollar.

Capítulo 2
Etapa de Chancado

2.1 Introducción

Proceso del chancado que pasa por chancado primario, secundario y terciario con el propósito de llegar a reducir el tamaño de partículas, mediante la fragmentación por efecto de la fuerza de compresión básicamente, obteniendo tamaños de hasta ½ pulgada.

Inicialmente se reporta el análisis granulométrico de alimento y producto luego de chancado, que por cierto admite constituir básicamente las funciones de clasificación y fractura; esto a su vez considerando los valores arbitrarios de cada función dentro de sus rangos respectivos. Consecuentemente se obtiene como resultado del modelo matemático un producto; que por cierto tiene cierta tendencia comparativa hacia lo real y mostrando cierto error relativo.

Valiéndonos de solver – herramienta Excel, se consigue aproximar hacia la data real, permitiendo de esa manera recalcular los valores arbitrarios considerados inicialmente y arrojando un error relativo mínimo.

Más adelante, considerando tan solo un nuevo análisis granulométrico, la abertura de la chancadora, poder predecir el análisis granulométrico del producto. Finalmente simular hasta llegar a optimizar el proceso de chancado

Posteriormente ya poder predecir los resultados, hasta poder llegar a optimizar el proceso de chancado.

2.2 Descripción - deducción y detalles de las funciones y matrices afines al modelo matemático de chancado

Se menciona a continuación el significado, descripción de las siguientes simbologías a ser utilizadas.

- $\overline{f}$, $\overline{p}$: distribución granulométrica de alimentación y producto en un proceso de conminución, expresado en una matriz columna de las fracciones en peso: nx1
- $\overline{C}$: función clasificación, matriz diagonal de tamaño: nxn
- $\overline{B}$: función fractura acumulada, de tamaño: nxn
- $\overline{b}$: función fractura parcial, matriz triangular inferior de tamaño: nxn
- $\overline{I}$: matriz identidad de tamaño: nxn

Sintetizando la expresión inicial resulta:

$$\overline{p} = \overline{x}.\overline{f} \qquad (2.1)$$

- $\overline{x}$: matriz de proceso (que depende de las funciones $\overline{b}$ y $\overline{C}$), de tamaño nxn

La denominación "n" quedará definida o limitada por la cantidad o variedad de mallas consideradas en la distribución granulométrica.

A continuación, amerita precisar y detallar las siguientes matrices y funciones (manifestaciones matemáticas), que intervienen y están íntimamente involucrados en el proceso de conminucion de minerales.

2.2.1 Función Clasificación o Velocidad Especifica de Fractura. 'C'

Manifestación matemática que expresa la clasificación probabilística y poblacional en sucesos continuos y constante, en una gama de intervalos de tamaño de material sometidos a través del proceso de chancado.

Esto es:

$$C_i = \begin{bmatrix} 1 - \left[\dfrac{d_2 - d_{pi}}{d_2 - d_1}\right]^n & d_1 < d_{pi} < d_2 \\ 0 & d_{pi} \leq d_1 \\ 1 & d_{pi} \geq d_2 \end{bmatrix} \qquad (2.1a)$$

Donde:

- dp_i: Tamaño promedio de mallas granulométricas.
- $(\theta_c): |\alpha_1, \alpha_2, n, d^*|$: parámetros de la Función clasificación.
- CSS: abertura de la chancadora (mm).
- $d_1 = \alpha_1 . CSS$
- $d_2 = \alpha_2 . CSS + d^*$
- $dpi \leq d_1$; intervalo de tamaño de partículas relativamente finas.
- $d_1 < dpi < d_2$; intervalo de tamaño de partículas (intermedias).
- $dpi \geq d_2$; intervalo de tamaño de partículas (gruesas).

El rango establecido de los parámetros.

$$0 \leq \alpha_1 \leq 1$$
$$0.1 \leq \alpha_2 \leq 10$$
$$0.1 \leq n \leq 10$$
$$d^* \geq 0$$

Y se denota como una matriz diagonal: $\bar{C} = diag(C_i)$

$$\bar{C} = \begin{bmatrix} C_1 & 0 & 0 & . & 0 & 0 \\ 0 & C_2 & . & . & 0 & 0 \\ . & . & . & . & . & . \\ . & . & . & . & . & . \\ 0 & 0 & . & . & C_{n-1} & 0 \\ 0 & 0 & . & . & 0 & C_n \end{bmatrix} \qquad (2.1b)$$

2.2.2 Función Fractura

2.2.2a) Función Fractura Acumulada 'B'

Función fractura, representa la distribución de los fragmentos cuando una partícula se fractura.

$$B_{(x,y)} = \begin{bmatrix} k \left(\frac{x}{y}\right)^{n_1} + (1 - k) \left(\frac{x}{y}\right)^{n_2} & y < x \\ 1 & x \geq y \end{bmatrix} \qquad (2.2a)$$

Donde:

y: Representa al tamaño mínimo granulométrico.

x: Representa al tamaño promedio granulométrico. (dp_i)

Además:

(θ_B): $|k, n_1, n_2|$: Tres parámetros de la Función Fractura.

El rango establecido de los parámetros.

$$0 \leq k \leq 1$$
$$0 \leq n_1 \leq 10$$
$$0 \leq n_2 \leq 10$$

Con la relación (2.2a) y el análisis granulométrico respectivo de cierto mineral a tratar, se obtiene la siguiente Función Fractura Acumulada.

$$\overline{B} = \begin{bmatrix} B_{1,1} & 0 & . & . & 0 & 0 \\ B_{2,1} & B_{2,2} & . & . & 0 & 0 \\ . & . & . & . & . & . \\ . & . & . & . & . & . \\ B_{n-1,1} & B_{n-1,2} & . & . & B_{n-1,n-1} & 0 \\ B_{n,1} & B_{n,2} & . & . & B_{n,n-1} & B_{n,n} \end{bmatrix} \qquad (2.2b)$$

En general:

$$B_{ij}: \begin{bmatrix} b_{ij} \\ b_{i+1,j} \\ b_{i+2,j} \\ . \\ . \\ . \\ b_{n-1,j} \\ b_{n,j} \end{bmatrix} : B_{i+1,j} \; ; \quad donde: \qquad B_{ij} = \underbrace{b_{nj} + b_{n-1,j} + \cdots b_{i+1,j}}_{B_{i+1,j}} + b_{ij} = \sum_{i=1}^{n} b_{ij}$$

$$B_{ij} = B_{i+1,j} + b_{ij}$$

Luego:

$$b_{ij} = B_{ij} - B_{i+1,j} \qquad (2.3a)$$

2.2.2b) Función Fractura Fraccionada "b"

Función Fractura Fraccionada "b_{ij}" o aparición de fracción de partículas que expresen en el intervalo de tamaños "i" provenientes de la reducción del material del intervalo se tamaño "j". Así mismo está referido a la fracción en peso (masa), de los fragmentos resultantes de la fractura de partículas de tamaño original "j", que representa a la fracción inferior "i".

Se manifiesta también con la siguiente relación:

$$\bar{b} = \bar{R}^{-}.(\overline{ONES} - \bar{B}) \qquad (2.3b)$$

Y matricialmente se representa como una matriz triangular inferior, de la siguiente manera.

$$\bar{b} = \begin{bmatrix} b_{1,1} & 0 & . & . & 0 & 0 \\ b_{2,1} & b_{2,2} & . & . & 0 & 0 \\ . & . & . & . & . & . \\ . & . & . & . & . & . \\ b_{n-1,1} & b_{n-1,2} & . & . & b_{n-1,n-1} & 0 \\ b_{n,1} & b_{n,2} & . & . & b_{n,n-1} & b_{n,n} \end{bmatrix} \qquad (2.3c)$$

> ➤ **Interpretación:**

La función Fractura b, representa y se identifica plenamente con el fenómeno de fracturamiento en el proceso de chancado de minerales. Puesto que cada intervalo de tamaño del material tiene una determinada masa y una vez iniciado tal proceso se va disgregando y se corrobora finalmente que cada acumulado de los mismos conforma su masa inicial.

2.3 Análisis y deducción de la Función Fractura Fraccionada

$$
b_{ij}:
\begin{array}{c}
& b_{i1} & b_{i2} & b_{i3} & b_{i4} & b_{i5} & & & & b_{i,n-4} & b_{i,n-3} & b_{i,n-2} & b_{1,n-1} & b_{in} \\
& \downarrow & \downarrow & \downarrow & \downarrow & \downarrow & & & & \downarrow & \downarrow & \downarrow & \downarrow & \downarrow \\
b_{1j}\rightarrow & \boldsymbol{b_{11}} & 0 & 0 & 0 & 0 & \cdot & \cdot & \cdot & 0 & 0 & 0 & 0 & 0 \\
b_{2j}\rightarrow & b_{21} & \boldsymbol{b_{22}} & 0 & 0 & 0 & \cdot & \cdot & \cdot & 0 & 0 & 0 & 0 & 0 \\
b_{3j}\rightarrow & b_{31} & b_{32} & \boldsymbol{b_{33}} & 0 & 0 & \cdot & \cdot & \cdot & 0 & 0 & 0 & 0 & 0 \\
& b_{41} & b_{42} & b_{43} & \boldsymbol{b_{44}} & 0 & \cdot & \cdot & \cdot & 0 & 0 & 0 & 0 & 0 \\
& b_{51} & b_{52} & b_{53} & b_{54} & \boldsymbol{b_{55}} & \cdot & \cdot & \cdot & 0 & 0 & 0 & 0 & 0 \\
& \cdot & \cdot & \cdot & \cdot & \cdot & \cdot & \cdot & \cdot & \cdot & \cdot & \cdot & \cdot & \cdot \\
& \cdot & \cdot & \cdot & \cdot & \cdot & \cdot & \cdot & \cdot & \cdot & \cdot & \cdot & \cdot & \cdot \\
& b_{n-2,1} & b_{n-2,2} & b_{n-2,3} & b_{n-2,4} & b_{n-2,5} & \cdot & \cdot & \cdot & b_{n-2,n-4} & b_{n-2,n-3} & \boldsymbol{b_{n-2,n-2}} & 0 & 0 \\
& b_{n-1,1} & b_{n-1,2} & b_{n-1,3} & b_{n-1,4} & b_{n-1,5} & \cdot & \cdot & \cdot & b_{n-1,n-4} & b_{n-1,n-3} & b_{n-1,n-2} & \boldsymbol{b_{n-1,n-1}} & 0 \\
& b_{n1} & b_{n2} & b_{n3} & b_{n4} & b_{n5} & \cdot & \cdot & \cdot & b_{n,n-4} & b_{n,n-3} & b_{n,n-2} & b_{n,n-1} & \boldsymbol{b_{nn}} \\
& \downarrow & \downarrow & \downarrow & \downarrow & \downarrow & & & & \downarrow & \downarrow & \downarrow & \downarrow & \downarrow \\
& i\in(1,n) & i\in(2,n) & i\in(3,n) & i\in(4,n) & i\in(5,n) & & & & i\in(n-4,n) & i\in(n-3,n) & i\in(n-2,n) & i\in(n-1,n) & i\in n
\end{array}
$$

Siendo b_{ij} una matriz triangular inferior donde $i\in[1,n] \land j\in[1,n]$, además:

Analizando la primera columna b_{i1}:

Fracción de partícula de intervalo de tamaño 1, que luego de ser fragmentada aparece distribuida en intervalo de tamaños menores, designado con "i" = 2, 3, 4…n-1, n; que en suma las fracciones (en masa) acumulan la unidad.

Esto es:

$$\sum_{i=1}^{n} b_{i1} = 1 , \ \textit{es decir}: b_{11} + b_{21} + b_{31} + b_{41} + b_{51} + b_{61} + \cdots + b_{(n-2),1} + b_{(n-1),1} + b_{n1} = 1$$

luego:

$$\sum_{i=1}^{n} b_{i1} = b_{11} + b_{21} + b_{31} + b_{41} + b_{51} + b_{61} + \cdots + b_{(n-2),1} + b_{(n-1),1} + b_{n1} = 1$$

Análogamente:

$$\sum_{i=2}^{n} b_{i2} = b_{22} + b_{32} + b_{42} + b_{52} + b_{62} + \cdots + b_{(n-2),2} + b_{(n-1),2} + b_{n2} = 1$$

$$\sum_{i=3}^{n} b_{i3} = b_{33} + b_{43} + b_{53} + b_{63} \ldots + b_{(n-2),3} + b_{(n-1),3} + b_{n3} = 1$$

$$\sum_{i=4}^{n} b_{i4} = b_{44} + b_{54} + b_{64} \ldots + b_{(n-2),4} + b_{(n-1),4} + b_{n4} = 1$$

○

○

○

$$\sum_{i=n-2}^{n} b_{i(n-2)} = b_{(n-2)(n-2)} + b_{(n-1)(n-2)} + b_{(n)(n-2)}$$

$$\sum_{i=n-1}^{n} b_{i(n-1)} = b_{(n-1)(n-1)} + b_{n(n-1)} = 1$$

Por consiguiente:

$$\sum_{i=1}^{n} b_{i1} = \sum_{i=2}^{n} b_{i2} = \sum_{i=3}^{n} b_{i3} = \sum_{i=4}^{n} b_{i4} = \cdots \sum_{i=n-3}^{n} b_{i,n-3} = \sum_{i=n-2}^{n} b_{i,n-2} = \sum_{i=n-1}^{n} b_{i,n-1} = b_{nn} = 1 \qquad (2.3d)$$

- Dónde: b_{nn}; representa la fracción de partículas de intervalo de tamaño "n", que aún mantiene su mínimo tamaño.

En cada columna la fragmentación se manifiesta a partir de $b_{21}, b_{32}, b_{43}, b_{54}, \ldots b_{n,n-1}$ respectivamente.

La fragmentación en la primera columna "b_{i1}" queda representada por la fracción de intervalo de tamaños en $i = 2,3,4,\ldots n-1, n$; proveniente de la reducción inicial del material de intervalo de tamaño j=1. Similarmente sucede en las siguientes columnas de la matriz en mención; sin embargo la última y mínima fracción de tamaño "n" (b_{nn}) , nos revela que ya se agotó su fragmentación. Así mismo los fragmentos de partículas: $b_{11}, b_{22}, b_{33}, b_{44}, \ldots b_{nn}$, es un indicio que aún conserva material en su intervalo de tamaño inicial.

2.4 Modelamiento matemático aplicado en la etapa de chancado

Dentro del equipo (chancadora-trituradora), se produce un sub proceso de clasificación interna y ruptura, como una manifestación del modelamiento a través de un circuito cerrado, donde interviene la alimentación ($\bar{f}$) y consecuentemente el producto ($\bar{p}$) granulométrico, como una combinación de clasificación y fractura de las partículas minerales.

2.5 Diagrama de flujo de la chancadora

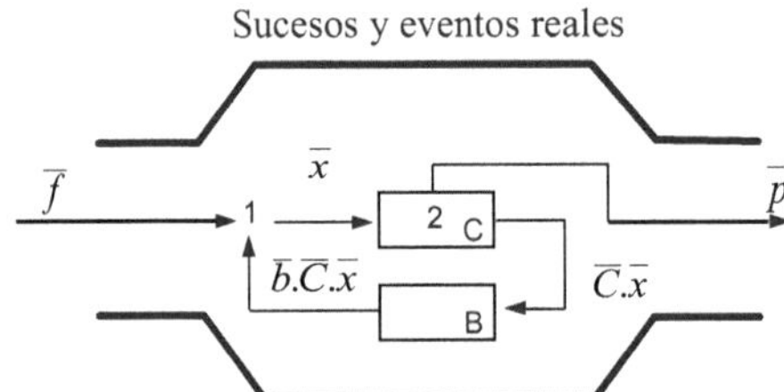

Figura 2.1: Circuito de chancado

Donde:

- $\bar{f}$: alimento
- $\bar{p}$: producto
- $\bar{C}\bar{x}$: partículas clasificadas con la probabilidad de ser fragmentada.
- $\bar{b}\bar{C}\bar{x}$: partículas clasificadas con probabilidad de haber sido trituradas (fragmentadas).
- dp_i: Tamaño promedio de mallas granulométricas.
- $dpi \leq d_1$; intervalo de tamaño de partículas relativamente finas, conducidas hacia el producto. Circula en "p".
- $d_1 < dpi < d_2$; intervalo de tamaño de partículas (intermedias) con la probabilidad de ser fragmentada. Circula en "Cx
- $dpi \geq d_2$; intervalo de tamaño de partículas (gruesas) clasificadas para luego ser fragmentadas. Circula en "Cx".

Del circuito de chancado (Figura 2.1), tenemos:

- Nodo 1: Balance de masa.

$$f + bCx = x \qquad (2.4)$$

$$f = x - bCx$$

$$f = (I - bC)x$$

$$(I - bC)^- f = (I - bC)^-.(I - bC)x$$

$$\boldsymbol{x = (I - bC)^- f} \qquad \boldsymbol{(2.5)}$$

- Nodo 2: Balance de masa.

$$x = p + Cx \qquad (2.6)$$

Donde:

$$x - Cx = p$$

$$\boldsymbol{(I - C)x = p} \qquad \boldsymbol{(2,7)}$$

$$(2.5)\,en\,(2.7)$$

Matricialmente se manifiesta de la siguiente manera.

$$\bar{p} = (\bar{I} - \bar{C})(\bar{I} - \bar{b}.\bar{C})^-.\bar{f} \qquad \mathbf{(2.8)}$$

Lo cual expresa la granulometría del producto acontecido en el triturador en términos de la alimentación; además involucra a las funciones de clasificación y fractura principalmente, quienes fortalezcan y generen la consistencia deseada en el proceso de conminución. También suele expresarse de la siguiente manera. (2.1)

$$\bar{p} = \bar{x}.\bar{f}$$

Donde:

$$\bar{X} = (\bar{I} - \bar{C})(\bar{I} - \bar{b}.\bar{C})^{-} \qquad (2.9)$$

Pues la función de proceso $\bar{X}$ ampara e involucra a $\bar{C}$ y $\bar{b}$; como una combinación de probabilidad de fracturamiento poblacional a través de un circuito cerrado en la etapa del chancado.

Analizando:

De la relación (2.4) y (2.6) obtenemos:

$$f + bCx = x \qquad y \qquad x = p + Cx$$

De ambas relaciones:

$$f - p = Cx - bCx \quad , \quad f - p = (I - b)Cx$$

Reemplazando "x" obtenido de (2.5) :

$$f - p = (I - b)C(I - bC)^{-}f \qquad (2.10)$$

Representación que contrasta la total fragmentación que ocurre en el triturador (chancadora); luego de ser clasificado e inevitablemente fragmentado.

Posteriormente considerando:

- Muestreo y distribución granulométrico de alimento y producto del material chancado. (dato reportado).
- La abertura de la chancadora.

- Y mediante el modelo: $\bar{p} - \bar{x}.\bar{f}$

Es posible predecir el resultado de la granulometría del mineral tratado, hasta poder llegar a optimizar tal proceso de chancado.

Capítulo 3
Etapa de Molienda Discontinua

3.1 Introducción

Generalmente la molienda es un proceso posterior al chancado, donde las partículas reciben una reducción en sus tamaños (y por consiguiente también una variación en su morfología).

El modelo matemático a tratar es el que mejor se identifica en el proceso de molienda y se basa en que cierta muestra se dispone con una distribución de tamaños sobre un rango de partículas continuas y se hace necesario discretizar (para manejar los datos), generalmente con una progresión geométrica de razón de $\sqrt{2}$, intervalos sucesivos.

Establecidos estos intervalos de tamaños, el análisis granulométrico consiste en determinar que fracción en peso corresponde a cada intervalo, para ello se utiliza una serie de tamices (con sus aberturas correspondientes), en la cual se introduce el material por un tiempo determinado donde las partículas quedaran distribuidas en sus respectivos rangos de tamaños, vale decir que en cada tamiz quedara retenida la muestra mineral.

Bajo esta primicia se establece que el proceso de molienda involucra un problema de balance poblacional. Si un material es sometido a un tiempo 't' de molienda, la cantidad de partículas de cierto intervalo disminuirá, consecuentemente aumentará la cantidad por efecto de la fractura de partículas; en menores intervalos de tamaños mayores.

Además, el modelo matemático en el proceso de molienda a tratar requiere principalmente de dos funciones, el de selección y fractura respectivamente.

3.2 Descripcion-deduccion y detalles de las funciones y matrices afines al modelo matemático de molienda batch.

3.2.1 Función Selección

Se refiere básicamente a que tan rápido disminuye el material correspondiente a un intervalo determinado de partículas

$$S_{(x)} = \frac{a.x^{\propto}}{1+\left(\frac{x}{X_0}\right)^{\Omega}} \qquad (3.1a)$$

Dónde:

$$x : \text{Tamaño de abertura granulométrica mínima. } D_i$$
$$(\theta_S): (a, \propto, \Omega, X_0) : \text{Parámetros de la función selección.}$$

Los rangos de los parámetros establecidos:

$$0 \ll a \ll 100$$
$$0 \ll \propto \ll 10$$
$$0 \ll \Omega \ll 10$$
$$0 \ll X_0$$
$$0 \ll t \ll 30$$

La función 'S' queda definida matricialmente.
$$\bar{S} = Diag(S_i)$$

$$
\overline{S} = \begin{bmatrix}
S_{1,1} & 0 & . & . & 0 & 0 \\
0 & S_{2,2} & . & . & 0 & 0 \\
. & . & . & . & . & . \\
. & . & . & . & . & . \\
0 & 0 & . & . & S_{n-1,n-1} & 0 \\
0 & 0 & . & . & 0 & S_{n,n}
\end{bmatrix} \qquad (3.1b)
$$

3.2.2 Función Fractura

Da la distribución de partículas luego de un pequeño tiempo de molienda correspondiente a un determinado intervalo de tamaño de partículas.

3.3 Modelo matemático aplicado a molienda discontinua

La ecuación de quiebra de la molienda discontinua (batch)

$$
\frac{dm_i(t)}{dt} = -S_i.\,m_i(t) + \sum_{j=1}^{i-1} b_{i.j}\,.\,S_i.\,m_j(t) \qquad (3.2)
$$

Dónde:

n : Numero de intervalo de tamaños.

i : Subindice para designar un intervalo de tamaños $i = 1,2,3\ldots n$

i : 1, corresponde al intervalo de partículas más gruesas.

i : n, corresponde al intervalo de partículas más finas.

S_i : Función selección.

$b_{i,j}$: Función fractura o fracción de partículas que aparecen en el intervalo de tamaños "i" provenientes de la reducción de material del intervalo de tamaños "j". También es la fracción de partículas originales de tamaño 'j' que después del fracturamiento, aparecen en el intervalo 'i'.

m_i: Fracción en peso correspondiente a los intervalos de tamaños, en función al tiempo.

Las partículas desaparecen del intervalo e inmediatamente los productos aparecen en otros intervalos menores y su expresión es el siguiente.

$$S_i.\,m_i(t) \qquad (3.2a)$$

La tasa de generación o aparecimiento de material en el intervalo a través de la entrada de productos fragmentados en los intervalos 'j' de mayor tamaño (j= 1,2, 3… i-2, i-1); representado por la expresión.

$$\sum_{j=i}^{i-1} b_{i,j}.\,S_j.\,m_j(t) \qquad (3.2b)$$

3.3.1 Desarrollo - Análisis de la Ecuación de Molienda Batch

$$\frac{dm_i(t)}{dt} = -\ \underbrace{S_i.\,m_i(t)}_{D} + \underbrace{\sum_{j=1}^{i-1} b_{ij}.\,S_j.\,m_j(t)}_{G} \qquad (3.2)$$

D: Representa la tasa de desaparecimiento de partículas a través de la fragmentación.

G: Tasa de generación o aparecimiento de material en el intervalo "i" = 2,3,4…n; a través de la entrada de productos de fragmentación, procedentes de los intervalos de mayor tamaño "j" = 1,2,3,4…n-1.

Representación de la tasa de fragmentación y la acumulación de productos fractura.

I=1		$-S_1.m_1$							
i=2	J=1	$b_{21}.S_1.m_1$	$-S_2.m_2$						
I=3	J=2	$b_{31}.S_1.m_1$	$b_{32}.S_2.m_2$	$-S_3.m_3$					
I=4	J=3	$b_{41}.S_1.m_1$	$b_{42}.S_2.m_2$	$b_{43}.S_3.m_3$	$-S_4.m_4$				
I=5	J=4	$b_{51}.S_1.m_1$	$b_{52}.S_2.m_2$	$b_{53}.S_3.m_3$	$b_{54}.S_4.m_4$	$-S_5.m_5$			
.	.	.	.	.	.	.			
.	.	.	.	.	.	.	.		
.	.	.	.	.	.	.	.	.	
.	.	.	.	.	.	.	.	.	
I=n-2	J=n-3	$b_{n-2,1}.S_1.m_1$	$b_{n-2,2}.S_2.m_2$	.	.	.	. .	$-S_{n-2}.m_{n-2}$	
I=n-1	J=n-2	$b_{n-1,1}.S_1.m_1$	$b_{n-1,2}.S_2.m_2$	.	.	.	. .	$b_{n-1,n-2}.S_{n-2}.m_{n-2}$	$-S_{n-1}.m_{n-1}$
I=n	J=n-1	$b_{n1}.S_1.m_1$	$b_{n2}.S_2.m_2$	.	.	.	. .	$b_{n,n-2}.S_{n-2}.m_{n-2}$	$b_{n,n-1}.S_{n-1}.m_{n-1}$ $\;-S_n.m_n$

*) $-S_1.\,m_1(t)$: desaparecimiento de partículas de intervalo de tamaño 1.

*) $b_{21}.\,S_1.\,m_1(t)$: aparición simultanea de partículas en el intervalo de tamaño 2 ; procedente de mayor intervalo de tamaño 1.

Todo lo acontecido es respecto a un tiempo "t", durante eventos continuos de aparecimiento y desaparecimiento de las partículas, en el proceso de molienda.

Consecuentemente lo obtenido es mediante el desarrollando de la relación (3.2),

Para i=1

$$\frac{dm_1(t)}{dt} = -S_1 m_1(t); \quad en \ "t" = 0$$

Para i=2

$$\frac{dm_2(t)}{dt} = -S_2 m_2(t) + b_{2,1} S_1 m_1(t)$$

Para i=3

$$\frac{dm_3(t)}{dt} = -S_3 m_3(t) + b_{3,1} S_1 m_1(t) + b_{3,2} S_2 m_2(t)$$

.

.

.

Para i=n-2

$$\frac{dm_{n-2}(t)}{dt} = -S_{n-2}m_{n-2}(t) + b_{n-2,1}.S_1.m_1(t) + b_{n-2,2}.S_2.m_2(t) \ldots\ldots + b_{n-2,n-3}.S_{n-3}.m_{n-3}(t)$$

Para i= n-1

$$\frac{dm_{n-1}(t)}{dt} = -S_{n-1}m_{n-1}(t) + b_{n-1,1}.S_1.m_1(t) + b_{n-1,2}.S_2.m_2(t) \ldots\ldots + b_{n-1,n-2}.S_{n-2}.m_{n-2}(t)$$

Para i=n

$$\frac{dm_n(t)}{dt} = -S_n m_n(t) + b_{n,1}S_1 m_1(t) + b_{n,2}S_2 m_2(t) + \cdots + b_{n,n-1}S_{n-1}m_{n-1}(t)$$

Recopilando todo lo acontecido para conformar la tasa de fragmentación y productos fractura.

La expresión (3.2) también puede expresarse matricialmente como:

$$\frac{dm(t)}{dt} = -(\bar{I} - \bar{b}).S.\bar{m}(t) \qquad (3.3)$$

Haciendo:

$$\bar{A} = -(\bar{I} - \bar{b}).\bar{S}$$

Luego:

$$\frac{d\bar{m}(t)}{dt} = \bar{A}.\bar{m}(t)$$

Como $\bar{b}$ y $\bar{S}$ son constantes en el tiempo, también recae sobre $\bar{A}$.
Integrando respecto al tiempo:

$$\int_{t_0}^{t} \frac{d\bar{m}(t)}{\bar{m}} = \int_{t_0}^{t} \bar{A}.dt \qquad (3.4)$$

$$\ln \bar{m}(t) - \ln \bar{m}(t_0) = \bar{A}(t - t_0) \ ; \quad \ln\left[\frac{\bar{m}(t)}{\bar{m}(t_0)}\right] = \bar{A}(t - t_0) \ ;$$

$$\left[\frac{\bar{m}(t)}{\bar{m}(t_0)}\right] = e^{\bar{A}(t-t_0)}$$

Solución:

$$\bar{m}(t) = e^{\bar{A}(t-t_0)}.\bar{m}(t_0) \qquad (3.5)$$

Expresando:

$\bar{m}(t)$: vector columna de las fracciones en peso, luego de un tiempo 't' de molienda.

Análogamente cuando, $t = t_0$

$\bar{m}(t_0)$: vector columna de las fracciones en peso, al tiempo ' t_0 ' de molienda.

Así mismo cuando, $t_0 = 0$

$\bar{m}(0)$: vector columna de las fracciones en peso sin moler.

Finalmente, la expresión (3.5) queda sintetizado de la siguiente manera.

$$\bar{m}(t) = e^{\bar{A}.t}.\bar{m}(0) \qquad (3.6)$$

Transformando por similaridad:

$$e^{\bar{A}.t} = \bar{T}.\bar{A}.\bar{T}^{-}$$

Luego la relación resulta:

$$\bar{m}(t) = \bar{T}.\bar{A}.\bar{T}^{-}.\bar{m}(0) \qquad (3.7)$$

3.3.2 Constituyendo la matriz T de tamaño $n_x n$.

Se denota la matriz T.

$$\bar{T} = \begin{vmatrix} 0 & ; & i < j \\ 1 & ; & i = j \\ \displaystyle\sum_{k=j}^{i-1} \dfrac{b_{ik}.S_k}{S_i - S_j} T_{kj} & ; & i > j \end{vmatrix} \quad ....(3.7a)$$

También matricialmente:

$$
\bar{T} = \begin{vmatrix}
T_{1,1} & 0 & 0 & 0 & 0 & 0 & 0 \\
T_{2,1} & T_{2,2} & 0 & 0 & 0 & 0 & 0 \\
T_{3,1} & T_{3,2} & T_{3,3} & 0 & 0 & 0 & 0 \\
T_{4,1} & T_{4,2} & T_{4,3} & T_{4,4} & 0 & 0 & 0 \\
\cdots & \cdots & \cdots & \cdots & \cdots & \cdots & \cdots \\
T_{n-1,1} & T_{n-1,2} & T_{n-1,3} & T_{n-1,4} & \cdots & T_{n-1,n-1} & 0 \\
T_{n,1} & T_{n,2} & T_{n,3} & T_{n,4} & \cdots & T_{n,n-1} & T_{n,n}
\end{vmatrix} \quad \ldots\ldots(3.7b)
$$

Resultando una matriz cuadrada y triangular inferior nxn

A continuación, se muestran dos modalidades de obtener la mencionada matriz.

3.3.2a. Constituyendo cada elemento de la matriz T.

Desarrollando la relación (3.7a).

$$T_{1,1} = 1$$

$$T_{2,1} = \frac{b_{2,1}.S_1}{S_2 - S_1}.T_{1,1}$$

$$T_{2,2} = 1$$

$$T_{3,1} = \frac{b_{3,1}.S_1}{S_3 - S_1}.T_{1,1} + \frac{b_{3,2}.S_2}{S_3 - S_1}.T_{2,1}$$

$$T_{3,2} = \frac{b_{3,2}.S_2}{S_3 - S_2}.T_{2,2}$$

$$T_{3,3} = 1$$

$$T_{4,1} = \frac{b_{4,1}.S_1}{S_4 - S_1}.T_{1,1} + \frac{b_{4,2}.S_2}{S_4 - S_1}.T_{2,1} + \frac{b_{4,3}.S_3}{S_4 - S_1}.T_{3,1}$$

$$T_{4,2} = \frac{b_{4,2}.S_2}{S_4 - S_2}.T_{2,2} + \frac{b_{4,3}.S_3}{S_4 - S_2}.T_{3,2}$$

$$T_{4,3} = \frac{b_{4,3}.S_3}{S_4 - S_3}.T_{3,3}$$

$$T_{4,4} = 1$$

$$T_{5,1} = \frac{b_{5,1}.S_1}{S_5 - S_1}.T_{1,1} + \frac{b_{5,2}.S_2}{S_5 - S_1}.T_{2,1} + \frac{b_{5,3}.S_3}{S_5 - S_1}.T_{3,1} + \frac{b_{5,4}.S_4}{S_5 - S_1}.T_{4,1}$$

$$T_{5,2} = \frac{b_{5,2}.S_2}{S_5 - S_2}.T_{2,2} + \frac{b_{5,3}.S_3}{S_5 - S_2}.T_{3,2} + \frac{b_{5,4}.S_4}{S_5 - S_2}.T_{4,2}$$

$$T_{5,3} = \frac{b_{5,3}.S_3}{S_5 - S_3}.T_{3,3} + \frac{b_{5,4}.S_4}{S_5 - S_3}.T_{4,3}$$

$$T_{5,4} = \frac{b_{5,4}.S_4}{S_5 - S_4}.T_{4,4}$$

$$T_{5,5} = 1$$

$$T_{6,1} = \frac{b_{6,1}.S_1}{S_6 - S_1}.T_{1,1} + \frac{b_{6,2}.S_2}{S_6 - S_1}.T_{2,1} + \frac{b_{6,3}.S_3}{S_6 - S_1}.T_{3,1} + \frac{b_{6,4}.S_4}{S_6 - S_1}.T_{4,1} + \frac{b_{6,5}.S_5}{S_6 - S_1}.T_{5,1}$$

$$T_{6,2} = \frac{b_{6,2}.S_2}{S_6 - S_2}.T_{2,2} + \frac{b_{6,3}.S_3}{S_6 - S_2}.T_{3,2} + \frac{b_{6,4}.S_4}{S_6 - S_2}.T_{4,2} + \frac{b_{6,5}.S_5}{S_6 - S_2}.T_{5,2}$$

$$T_{6,3} = \frac{b_{6,3}.S_3}{S_6 - S_3}.T_{3,3} + \frac{b_{6,4}.S_4}{S_6 - S_3}.T_{4,3} + \frac{b_{6,5}.S_5}{S_6 - S_3}.T_{5,3}$$

$$T_{6,4} = \frac{b_{6,4}.S_4}{S_6 - S_4}.T_{4,4} + \frac{b_{6,5}.S_5}{S_6 - S_4}.T_{5,4}$$

$$T_{6,5} = \frac{b_{6,5}.S_5}{S_6 - S_5}.T_{5,5}$$

$$T_{6,6} = 1$$

$$\circ$$
$$\circ$$
$$\circ$$

$$T_{n,1} = \frac{b_{n,1}.S_1}{S_n - S_1}.T_{1,1} + \frac{b_{n,2}.S_2}{S_n - S_1}.T_{2,1} + \cdots \frac{b_{n,n-2}.S_{n-2}}{S_n - S_1}.T_{n-2,1} + \frac{b_{n,n-1}.S_{n-1}}{S_n - S_1}.T_{n-1,1}$$

$$T_{n,2} = \frac{b_{n,2}.S_2}{S_n - S_2}.T_{2,2} + \frac{b_{n,3}.S_3}{S_n - S_2}.T_{3,2} \cdots \frac{b_{n,n-2}.S_{n-2}}{S_n - S_2}.T_{n-2,2} + \frac{b_{n,n-1}.S_{n-1}}{S_n - S_2}.T_{n-1,2}$$

$$T_{n,3} = \frac{b_{n,3}.S_3}{S_n - S_3}.T_{3,3} + \frac{b_{n,4}.S_4}{S_n - S_3}.T_{4,3} \cdots \frac{b_{n,n-2}.S_{n-2}}{S_n - S_3}.T_{n-2,3} + \frac{b_{n,n-1}.S_{n-1}}{S_n - S_3}.T_{n-1,3}$$

$$.$$
$$.$$
$$.$$

$$T_{n,n-2} = \frac{b_{n,n-2}.S_{n-2}}{S_n - S_{n-2}}.T_{n-2,n-2} + \frac{b_{n,n-1}.S_{n-1}}{S_n - S_{n-2}}.T_{n-1,n-2}$$

$$T_{n,n-1} = \frac{b_{n,n-1}.S_{n-1}}{S_n - S_{n-1}}.T_{n-1,n-1}$$

$$T_{n,n} = 1$$

Recopilando y ordenado cada elemento se llega a constituir la relación matricial (3.7b).

3.3.2b. Constituyendo cada columna de la matriz T,

$$T = [\bar{T}_1|, \bar{T}_2|, \bar{T}_3 \dots \bar{T}_n] \quad ; \bigcup_{i=1}^{n} \bar{T}_i = \left[(\bar{b} - \bar{I}).\bar{S} + S_i.\bar{I} + \bar{J}_i \right]^{-}.\bar{\psi}_i$$

Resulta ´´n´´ matrices columna de tamaño nx1: $\bar{T}_{i,1}, \bar{T}_{i,2} \dots \bar{T}_{i,n-1}, \bar{T}_{i,n}$.

La matriz 'T ' tomará la siguiente forma:

$$
T_{(nxn)} =
\begin{bmatrix}
T_{1,1} & 0 & . & . & 0 & 0 \\
T_{2,1} & T_{2,2} & . & . & 0 & 0 \\
. & . & . & . & . & . \\
. & . & . & . & . & . \\
T_{n-1,1} & T_{n-1,2} & . & . & T_{n-1,n-1} & 0 \\
T_{n,1} & T_{n,2} & . & . & T_{n,n-1} & T_{n,n}
\end{bmatrix}
\dots\dots(3.7a)
$$

Obteniéndose también una matriz muy similar a (3.7b). Siendo precisamente esta segunda modalidad a ser considerado posteriormente en el ejemplo.

3.3.3 Constituyendo la matriz "A" de tamaño nxn

$$\bar{A} = diag(e^{-S_i.t})$$

Luego $\bar{A}$ tomará la siguiente forma:

$$
A_{(nxn)} =
\begin{bmatrix}
e^{-S_i.t} & 0 & . & . & 0 & 0 \\
0 & e^{-S_2.t} & . & . & 0 & 0 \\
. & . & . & . & . & . \\
. & . & . & . & . & . \\
0 & 0 & . & . & e^{-S_{n-1}.t} & 0 \\
0 & 0 & . & . & 0 & e^{-S_n.t}
\end{bmatrix}
\dots\dots(3.7b)
$$

Además:

$$\bar{b} = \bar{R}^{-}.(\overline{ONES} - \bar{B}) \text{ , función fractura fraccionada.}$$

$\bar{I}$: matriz identidad.

$\bar{S} = Diag(S_i)$, función selección.

$\bar{J_i} = Diag(\bar{\psi}_i)$

$$\bar{\psi}_i = \begin{vmatrix} 1 & i = k \\ 0 & i \neq k \end{vmatrix}$$

$\bar{m}(0)$: granulometría inicial en t=0.

Las siguientes matrices: $\bar{b}, \bar{I}, \bar{S}, \bar{J_i}$ y $\bar{\psi}_i$, de tamaño nxn, a excepción de la matriz columna $\bar{m}(o)$ de tamaño nx1.

3.4 Modelamiento matemático aplicado en la etapa de molienda discontinua.

La relación (3.7), queda sintetizada en:

$$m(t) = \bar{X}.\bar{m}(0) \qquad (3.8)$$

Cuando:

$$\bar{X} = \bar{T}.\bar{A}.\bar{T}^{-} \qquad (3.9)$$

Es posible predecir la granulometría del mineral en el molino luego de un tiempo 't' de molienda. Siendo las relaciones matemáticas en mención quienes involucran y manifiestan el balance de masa por intervalo granulométrico y se refieren a un proceso especifico de fractura, quienes sirven como base para todo proceso de fractura que es aproximadamente lineal.

Donde $\bar{X}$ manifiesta y se identifica como Matriz de Proceso en la molienda; involucrando preferente a las funciones de Selección y Fractura.

Capitulo IV

Aplicaciones reales

- Caso 1: Chancadora de quijada

- Caso 2: Chancadoras: CH-1 y CH-2
    - Caso 2.1: CH-1: HP standard
    - Caso 2.2: CH-3: HP short

- Caso 3: Molino de bolas- laboratorio

4.1 Caso 1

Aplicación del modelo matemático en la chancadora de quijada

CSS:19.05 mm

SSE: 0.002794817

$$\bar{p} = (\bar{I} - \bar{C})(\bar{I} - \bar{b}.\bar{C})^{-}.\bar{f}$$

4.1.0 Procedimiento hacia el modelamiento matemático

Con la granulometría requerida de alimento "f(x)" y producto "p(x)" del chancado
de cierto mineral, además la abertura de la chancadora CSS:

Malla	Abertura	f(x)	p(x)
-	-	-	-
-	-	-	-
.	.	.	.
.	.	.	.

Aplicando el modelo: $\bar{p} = (\bar{I} - \bar{C})(\bar{I} - \bar{b}.\bar{C})^{-}.\bar{f}$; (2.8)

En forma sintetizada: $\bar{p} = \bar{X}.\bar{f}$; (2.1)

Donde: $\bar{X}$ representa la matriz de proceso, que involucra a las funciones de
Clasificación y Fractura en el proceso de chancado.

Constituyendo las funciones de Clasificación y Fractura al elegir los siete valores
asumidos arbitrariamente dentro de su rango establecido. Se consigue la tendencia
comparativa del modelo hacia la data y consecuentemente un error inicial.

Seguidamente valiéndonos de Solver – herramienta de Excel; Objetivo Error
Minimo.

Se recalcula y se consigue los siete parámetros óptimos, generando un error
mínimo y a su vez una aproximación comparativa de las lecturas granulométricas
del modelo respecto a lo real.

4.1.1 Distribución granulométrica.

Reporte granulométrico del alimento y producto de la chancadora de quijadas, según Tabla 4.1 y su respectiva abertura de CSS:19.05 mm

Tabla 4.1: Distribución granulométrica de alimento y producto de cierto mineral.

IT		Tamaño (mm)			Porcentaje en peso (Data)	
		Maximo	Minimo	Promedio		
Mallas	Aberturas	Di-1	Di	dpi	Alimento : f(x)i	Producto : p(x)i
1	-4" / 3"	101.600	76.200	87.988	15.20	0.00
2	-3" / 2"	76.200	50.800	62.217	27.70	0.00
3	-2" / 1"	50.800	25.400	35.921	30.30	3.80
4	-1" / 3/4"	25.400	19.050	21.997	11.20	13.50
5	-3/4" / 1/2"	19.050	12.700	15.554	4.90	20.60
6	-1/2" / 3/8"	12.700	9.525	10.999	3.10	20.70
7	-3/8" + m3	9.525	6.680	7.977	1.90	9.60
8	-m3 +m4	6.680	4.699	5.603	1.00	5.50
9	-m4 +m 6	4.699	3.327	3.954	0.70	4.80
10	-m6 +m 8	3.327	2.362	2.803	0.30	2.40
11	-m8 +m 10	2.362	1.651	1.975	0.50	3.30
12	-m10 +m 14	1.651	1.168	1.389	0.40	2.30
13	-m14 +m 20	1.168	0.833	0.986	0.30	1.90
14	-m20 +m 28	0.833	0.589	0.700	0.20	1.60
15	-m28 +m35	0.589	0.417	0.496	0.20	1.50
16	-m35 +m48	0.417	0.295	0.351	0.20	1.30
17	-m48 +m65	0.295	0.208	0.248	0.20	0.70
18	-m65 +m100	0.208	0.147	0.175	0.30	1.40
19	-m100 +m 15(	0.147	0.104	0.124	0.20	0.90
20	-m150 +m 20(	0.104	0.074	0.088	0.10	0.60
21	-m200	0.074	0.000	0.062	1.10	3.60
				Σ	100.00	100.00

Iinicialmente se asume los valores arbitrarios de la función clasificación: α_1, α_2, n, d^* y la función fractura: k, n_1, n_2 dentro de sus rangos correspondiente (restricciones); avizorando la funcion objetivo.

Incógnitas	Función objetivo	Restricciones
Asumiendo valores arbitrarios	Obtenemos el error relativo referencial	Rango operativo
$K : 0.5$		$0 \leq K \leq 1$
$n_1 : 0.5$		$0 \leq n_1 \leq 10$
$n_2 : 3.5$		$0 \leq n_2 \leq 10$
$\alpha_1 : 0.725$	$\sum (Dt - Md)^2 :$	$0 \leq \alpha_1 \leq 1$
$\alpha_2 : 2.6$		$0.1 \leq \alpha_2 \leq 10$
$n : 2$		$0.1 \leq n \leq 10$
$d^* : 0$		$d^* \geq 0$

31

4.1.2 Funciones matriciales afines al modelamiento

De la tabla 4.1 y los valores asumidos arbitrariamente procedemos a constituir las funciones y matrices afines al modelo.

4.1.2a) Función Clasificación: C_i

De la Tabla 4.1, la función (2.1a), y sus cuatro valores asumidos arbitrariamente $(\propto_1, \propto_2, n, d^*)$, constituimos la función matricial clasificación.

$$C_i = \left| \begin{array}{l} 1 - \left(\dfrac{d_2 - dp_I}{d_2 - d_1} \right)^n \dots\dots\dots d_1 \prec dp_I \prec d_2 \\ 0 \dots\dots\dots\dots\dots\dots\dots\dots\dots dp_I \leq d_1 \\ 1 \dots\dots\dots\dots\dots\dots\dots\dots\dots dp_I \geq d_2 \end{array} \right| \quad ; \quad \begin{array}{l} (\Theta_C) = |\alpha_1, \alpha_2, n, d^*| \\ d_1 : CSS.\alpha_1 \\ d_2 : CSS.\alpha_2 + d^* \\ \text{"4" } parametros - optimizar \end{array}$$

Se muestra los rangos operativos (restricciones).

$$0 \leq \propto_1 \leq 1$$
$$0.1 \leq \propto_2 \leq 10$$
$$0.1 \leq n \leq 10$$
$$d^* \geq 0$$

Donde:

$*dp_i$: tamaño promedio de abertura de malla granulométrica. (Tabla 4.1)

*Valores asumidos inicialmente como dato dentro de su rango operativo. $\propto_1 = 0.725$; $\propto_2 = 2.6$; $n = 2$ y $d^* = 0$

*CSS: abertura de la chancadora 19.5 mm

Obteniendo:

- ✓ $d_1 = CSS.\propto_1$; $\quad d_1 = 13.8113$
- ✓ $d_2 = CSS.\propto_2 + d^*$; $\quad d_2 = 49.5300$

Matricialmente se muestra la función clasificación. $\bar{C} = Diag(C_i)$

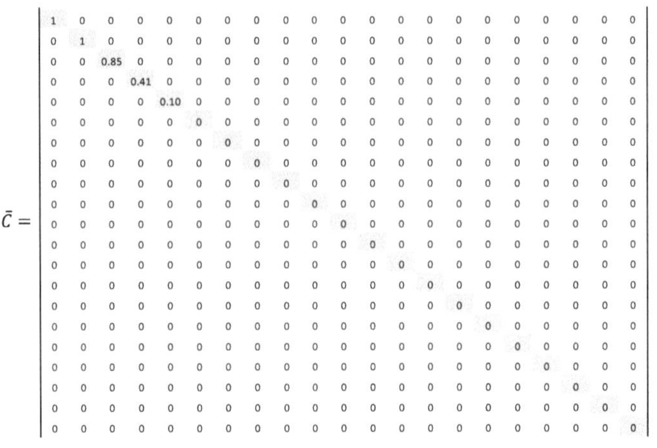

$$\bar{C} = \begin{pmatrix}
1 & 0 & 0 & 0 & 0 & 0 & 0 & 0 & 0 & 0 & 0 & 0 & 0 & 0 & 0 & 0 & 0 & 0 & 0 & 0 & 0 \\
0 & 1 & 0 & 0 & 0 & 0 & 0 & 0 & 0 & 0 & 0 & 0 & 0 & 0 & 0 & 0 & 0 & 0 & 0 & 0 & 0 \\
0 & 0 & 0.85 & 0 & 0 & 0 & 0 & 0 & 0 & 0 & 0 & 0 & 0 & 0 & 0 & 0 & 0 & 0 & 0 & 0 & 0 \\
0 & 0 & 0 & 0.41 & 0 & 0 & 0 & 0 & 0 & 0 & 0 & 0 & 0 & 0 & 0 & 0 & 0 & 0 & 0 & 0 & 0 \\
0 & 0 & 0 & 0 & 0.10 & 0 & 0 & 0 & 0 & 0 & 0 & 0 & 0 & 0 & 0 & 0 & 0 & 0 & 0 & 0 & 0 \\
0 & 0 & 0 & 0 & 0 & 0 & 0 & 0 & 0 & 0 & 0 & 0 & 0 & 0 & 0 & 0 & 0 & 0 & 0 & 0 & 0 \\
0 & 0 & 0 & 0 & 0 & 0 & 0 & 0 & 0 & 0 & 0 & 0 & 0 & 0 & 0 & 0 & 0 & 0 & 0 & 0 & 0 \\
0 & 0 & 0 & 0 & 0 & 0 & 0 & 0 & 0 & 0 & 0 & 0 & 0 & 0 & 0 & 0 & 0 & 0 & 0 & 0 & 0 \\
0 & 0 & 0 & 0 & 0 & 0 & 0 & 0 & 0 & 0 & 0 & 0 & 0 & 0 & 0 & 0 & 0 & 0 & 0 & 0 & 0 \\
0 & 0 & 0 & 0 & 0 & 0 & 0 & 0 & 0 & 0 & 0 & 0 & 0 & 0 & 0 & 0 & 0 & 0 & 0 & 0 & 0 \\
0 & 0 & 0 & 0 & 0 & 0 & 0 & 0 & 0 & 0 & 0 & 0 & 0 & 0 & 0 & 0 & 0 & 0 & 0 & 0 & 0 \\
0 & 0 & 0 & 0 & 0 & 0 & 0 & 0 & 0 & 0 & 0 & 0 & 0 & 0 & 0 & 0 & 0 & 0 & 0 & 0 & 0 \\
0 & 0 & 0 & 0 & 0 & 0 & 0 & 0 & 0 & 0 & 0 & 0 & 0 & 0 & 0 & 0 & 0 & 0 & 0 & 0 & 0 \\
0 & 0 & 0 & 0 & 0 & 0 & 0 & 0 & 0 & 0 & 0 & 0 & 0 & 0 & 0 & 0 & 0 & 0 & 0 & 0 & 0 \\
0 & 0 & 0 & 0 & 0 & 0 & 0 & 0 & 0 & 0 & 0 & 0 & 0 & 0 & 0 & 0 & 0 & 0 & 0 & 0 & 0 \\
0 & 0 & 0 & 0 & 0 & 0 & 0 & 0 & 0 & 0 & 0 & 0 & 0 & 0 & 0 & 0 & 0 & 0 & 0 & 0 & 0 \\
0 & 0 & 0 & 0 & 0 & 0 & 0 & 0 & 0 & 0 & 0 & 0 & 0 & 0 & 0 & 0 & 0 & 0 & 0 & 0 & 0 \\
0 & 0 & 0 & 0 & 0 & 0 & 0 & 0 & 0 & 0 & 0 & 0 & 0 & 0 & 0 & 0 & 0 & 0 & 0 & 0 & 0 \\
0 & 0 & 0 & 0 & 0 & 0 & 0 & 0 & 0 & 0 & 0 & 0 & 0 & 0 & 0 & 0 & 0 & 0 & 0 & 0 & 0 \\
0 & 0 & 0 & 0 & 0 & 0 & 0 & 0 & 0 & 0 & 0 & 0 & 0 & 0 & 0 & 0 & 0 & 0 & 0 & 0 & 0 \\
0 & 0 & 0 & 0 & 0 & 0 & 0 & 0 & 0 & 0 & 0 & 0 & 0 & 0 & 0 & 0 & 0 & 0 & 0 & 0 & 0
\end{pmatrix}$$

Luego se obtiene la distribución granulométrica de la Función Clasificación. Tabla 4.2.

Tabla 4.2: Distribución granulométrica de la Función clasificación

mallas	dpi	Ci
1	87.988	1
2	62.217	1
3	35.921	0.85483619
4	21.997	0.40582669
5	15.554	0.09521509
6	10.999	0
7	7.977	0
8	5.603	0
9	3.954	0
10	2.803	0
11	1.975	0
12	1.389	0
13	0.986	0
14	0.700	0
15	0.496	0
16	0.351	0
17	0.248	0
18	0.175	0
19	0.124	0
20	0.088	0
21	0.062	0

Consecuentemente se constituye la Función Clasificación que se verá reflejada en la siguiente Figura 4.1.

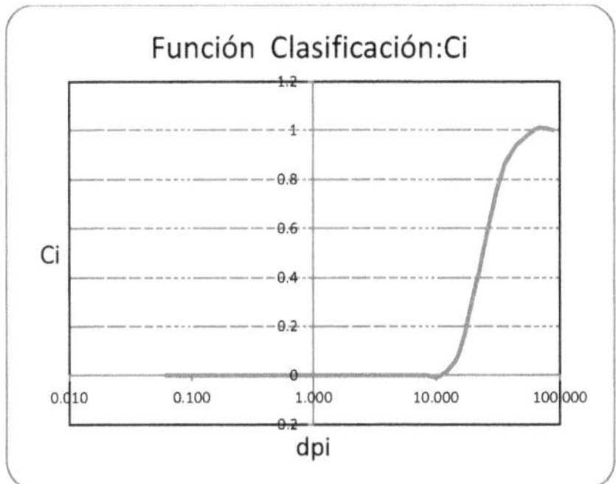

Figura 4.1: Función Clasificación

> **Interpretación:**

Etapa de chancado, precisamente el alimento en la chancadora donde las partículas tan pequeñas respecto a su abertura de descarga, no sufrirán ninguna alteración (no serán fragmentados), por lo que se denota con un valor cero (0); así mismo fragmentos tan grandes ante la abertura, de todas maneras serán fragmentadas equivalente a un valor de uno (1).Y finalmente las partículas de tamaño intermedio, además por su forma aplanada ó alargada y ligada o los eventos de fragmentación, tendrán la probabilidad de ser fragmentados.

4.1.2b) Función Fractura Acumulada: $B_{(x,y)}$

Con la Tabla 4.1, la función (2.2a) y sus tres valores asumidos (k, n_1, n_2) se constituye la función matricial respectiva.

$$B_{(x,y)} = \left| \begin{array}{l} K\left(\dfrac{x}{y}\right)^{n_1} + (1-K).\left(\dfrac{x}{y}\right)^{n_2} \ldots\ldots\ldots x \prec y \\ 1 \ldots\ldots\ldots\ldots\ldots\ldots\ldots\ldots\ldots\ldots\ldots x \geq y \end{array} \right| \quad ; \quad \begin{array}{l} (\Theta_B) = |K, n_1, n_2| \\ "3"\, parametros - optimizar \end{array}$$

Se muestra los rangos operativos (restricciones).

$$0 \leq k \geq 1$$
$$0 \leq n_1 \geq 10$$
$$0 \leq n_2 \geq 10$$

Luego:

* Con los tres valores arbitrarios asumidos de acuerdo sus restricciones. ($k = 0.5$; $n_1 = 0.5$, $n_2 = 3.5$).

Matricialmente se muestra la Función Fractura Acumulada. $\bar{B}$.

$$\bar{B} = \begin{vmatrix}
0.77 & 1 & 1 & 1 & 1 & 1 & 1 & 1 & 1 & 1 & 1 & 1 & 1 & 1 & 1 & 1 & 1 & 1 & 1 & 1 & 1 \\
0.45 & 0.70 & 1 & 1 & 1 & 1 & 1 & 1 & 1 & 1 & 1 & 1 & 1 & 1 & 1 & 1 & 1 & 1 & 1 & 1 & 1 \\
0.28 & 0.34 & 0.57 & 1 & 1 & 1 & 1 & 1 & 1 & 1 & 1 & 1 & 1 & 1 & 1 & 1 & 1 & 1 & 1 & 1 & 1 \\
0.24 & 0.28 & 0.42 & 0.77 & 1 & 1 & 1 & 1 & 1 & 1 & 1 & 1 & 1 & 1 & 1 & 1 & 1 & 1 & 1 & 1 & 1 \\
0.19 & 0.23 & 0.31 & 0.45 & 0.70 & 1 & 1 & 1 & 1 & 1 & 1 & 1 & 1 & 1 & 1 & 1 & 1 & 1 & 1 & 1 & 1 \\
0.16 & 0.20 & 0.26 & 0.36 & 0.48 & 0.77 & 1 & 1 & 1 & 1 & 1 & 1 & 1 & 1 & 1 & 1 & 1 & 1 & 1 & 1 & 1 \\
0.14 & 0.16 & 0.22 & 0.28 & 0.35 & 0.48 & 0.73 & 1 & 1 & 1 & 1 & 1 & 1 & 1 & 1 & 1 & 1 & 1 & 1 & 1 & 1 \\
0.12 & 0.14 & 0.18 & 0.23 & 0.28 & 0.35 & 0.46 & 0.73 & 1 & 1 & 1 & 1 & 1 & 1 & 1 & 1 & 1 & 1 & 1 & 1 & 1 \\
0.10 & 0.12 & 0.15 & 0.20 & 0.23 & 0.28 & 0.35 & 0.47 & 0.73 & 1 & 1 & 1 & 1 & 1 & 1 & 1 & 1 & 1 & 1 & 1 & 1 \\
0.08 & 0.10 & 0.13 & 0.16 & 0.20 & 0.23 & 0.28 & 0.35 & 0.47 & 0.73 & 1 & 1 & 1 & 1 & 1 & 1 & 1 & 1 & 1 & 1 & 1 \\
0.07 & 0.08 & 0.11 & 0.14 & 0.16 & 0.19 & 0.23 & 0.28 & 0.35 & 0.46 & 0.72 & 1 & 1 & 1 & 1 & 1 & 1 & 1 & 1 & 1 & 1 \\
0.06 & 0.07 & 0.09 & 0.12 & 0.14 & 0.16 & 0.19 & 0.23 & 0.28 & 0.35 & 0.46 & 0.73 & 1 & 1 & 1 & 1 & 1 & 1 & 1 & 1 & 1 \\
0.05 & 0.06 & 0.08 & 0.10 & 0.12 & 0.14 & 0.16 & 0.19 & 0.23 & 0.28 & 0.35 & 0.47 & 0.74 & 1 & 1 & 1 & 1 & 1 & 1 & 1 & 1 \\
0.04 & 0.05 & 0.06 & 0.08 & 0.10 & 0.12 & 0.14 & 0.16 & 0.19 & 0.23 & 0.28 & 0.35 & 0.47 & 0.73 & 1 & 1 & 1 & 1 & 1 & 1 & 1 \\
0.03 & 0.04 & 0.05 & 0.07 & 0.08 & 0.10 & 0.11 & 0.14 & 0.16 & 0.19 & 0.23 & 0.28 & 0.35 & 0.47 & 0.73 & 1 & 1 & 1 & 1 & 1 & 1 \\
0.03 & 0.03 & 0.05 & 0.06 & 0.07 & 0.08 & 0.10 & 0.11 & 0.14 & 0.16 & 0.19 & 0.23 & 0.28 & 0.35 & 0.47 & 0.73 & 1 & 1 & 1 & 1 & 1 \\
0.02 & 0.03 & 0.04 & 0.05 & 0.06 & 0.07 & 0.08 & 0.10 & 0.11 & 0.14 & 0.16 & 0.19 & 0.23 & 0.28 & 0.35 & 0.47 & 0.73 & 1 & 1 & 1 & 1 \\
0.02 & 0.02 & 0.03 & 0.04 & 0.05 & 0.06 & 0.07 & 0.08 & 0.10 & 0.11 & 0.14 & 0.16 & 0.19 & 0.23 & 0.28 & 0.35 & 0.47 & 0.73 & 1 & 1 & 1 \\
0.02 & 0.02 & 0.03 & 0.03 & 0.04 & 0.05 & 0.06 & 0.07 & 0.08 & 0.10 & 0.11 & 0.14 & 0.16 & 0.19 & 0.23 & 0.28 & 0.35 & 0.47 & 0.73 & 1 & 1 \\
0.01 & 0.02 & 0.02 & 0.03 & 0.03 & 0.04 & 0.05 & 0.06 & 0.07 & 0.08 & 0.10 & 0.12 & 0.14 & 0.16 & 0.19 & 0.23 & 0.28 & 0.35 & 0.47 & 0.73 & 1 \\
0.00 & 0.0
\end{vmatrix}$$

* Cada intervalo de tamaño se irá fragmentando y simultáneamente con eventos continuos y constantes, se irán distribuyendo en una gama de intervalo de tamaños en forma descendente. Consecuentemente, se obtiene la distribución granulométrica de la función fractura acumulada, mostrada en la siguiente Tabla 4.3.

Tabla 4.3: Distribución granulométrica de la función fractura

IT	dpi	B1	B2	B3	B4	B5	B6	B7	B8	B9	B10	B11	B12	B13	B14	B15	B16	B17	B18	B19	B20	B21
1	87.988	0.768	1	1	1	1	1	1	1	1	1	1	1	1	1	1	1	1	1	1	1	1
2	62.217	0.453	0.698	1	1	1	1	1	1	1	1	1	1	1	1	1	1	1	1	1	1	1
3	35.921	0.275	0.341	0.569	1	1	1	1	1	1	1	1	1	1	1	1	1	1	1	1	1	1
4	21.997	0.235	0.285	0.418	0.768	1	1	1	1	1	1	1	1	1	1	1	1	1	1	1	1	1
5	15.554	0.191	0.228	0.31	0.453	0.698	1	1	1	1	1	1	1	1	1	1	1	1	1	1	1	1
6	10.999	0.165	0.196	0.262	0.356	0.481	0.768	1	1	1	1	1	1	1	1	1	1	1	1	1	1	1
7	7.977	0.138	0.164	0.217	0.283	0.354	0.477	0.726	1	1	1	1	1	1	1	1	1	1	1	1	1	1
8	5.603	0.116	0.137	0.181	0.233	0.282	0.352	0.462	0.728	1	1	1	1	1	1	1	1	1	1	1	1	1
9	3.954	0.097	0.116	0.152	0.195	0.234	0.283	0.346	0.466	0.732	1	1	1	1	1	1	1	1	1	1	1	1
10	2.803	0.082	0.097	0.128	0.164	0.196	0.234	0.279	0.349	0.469	0.734	1	1	1	1	1	1	1	1	1	1	1
11	1.975	0.068	0.081	0.107	0.137	0.163	0.194	0.229	0.278	0.347	0.462	0.724	1	1	1	1	1	1	1	1	1	1
12	1.389	0.058	0.069	0.09	0.115	0.137	0.163	0.192	0.23	0.279	0.346	0.464	0.731	1	1	1	1	1	1	1	1	1
13	0.986	0.049	0.058	0.076	0.097	0.116	0.138	0.162	0.193	0.232	0.28	0.349	0.471	0.736	1	1	1	1	1	1	1	1
14	0.700	0.041	0.049	0.064	0.082	0.097	0.116	0.136	0.162	0.194	0.231	0.28	0.35	0.469	0.731	1	1	1	1	1	1	1
15	0.496	0.034	0.041	0.054	0.069	0.082	0.097	0.114	0.136	0.163	0.193	0.232	0.281	0.35	0.467	0.732	1	1	1	1	1	1
16	0.351	0.029	0.034	0.045	0.058	0.069	0.082	0.096	0.115	0.137	0.162	0.194	0.233	0.281	0.349	0.467	0.731	1	1	1	1	1
17	0.248	0.024	0.029	0.038	0.049	0.058	0.069	0.081	0.096	0.115	0.136	0.162	0.194	0.232	0.28	0.348	0.465	0.729	1	1	1	1
18	0.175	0.02	0.024	0.032	0.041	0.049	0.058	0.068	0.081	0.096	0.115	0.136	0.163	0.194	0.231	0.279	0.348	0.466	0.731	1	1	1
19	0.124	0.017	0.02	0.027	0.034	0.041	0.049	0.057	0.068	0.081	0.096	0.115	0.137	0.163	0.193	0.231	0.279	0.348	0.467	0.731	1	1
20	0.088	0.015	0.017	0.023	0.029	0.034	0.041	0.048	0.057	0.068	0.081	0.097	0.115	0.137	0.163	0.194	0.232	0.281	0.35	0.47	0.735	1
21	0.062	0	0	0	0	0	0	0	0	0	0	0	0	0	0	0	0	0	0	0	0	0

Función Fractura que ve reflejada en la siguiente Figura 4.2.

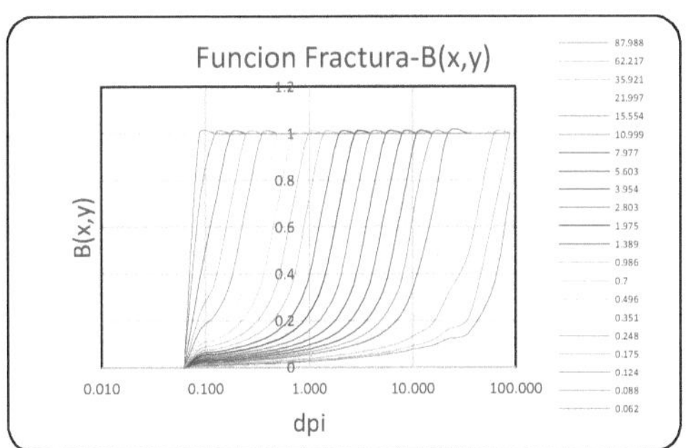

Figura 4.2: Función Fractura Acumulada

> **Interpretación:**

Los fragmentos grandes a intermedios suelen ser fracturados, generalmente lo hacen en más de un evento y en la continuidad se irán complementando y distribuyendo de acuerdo al grado de tamaños generados en tal proceso de conminución.

4.1.2c) Función Fractura Fraccionada: $\bar{b}$. ANEXO 1

Obtenida de acuerdo a la siguiente relación: $\bar{b} = \bar{R}^{-1}(\overline{ONES} - \bar{B})$. (2.3b).

$$\bar{b} = \begin{bmatrix}
0.23 & 0 & 0 & 0 & 0 & 0 & 0 & 0 & 0 & 0 & 0 & 0 & 0 & 0 & 0 & 0 & 0 & 0 & 0 & 0 & 0 \\
0.31 & 0.30 & 0 & 0 & 0 & 0 & 0 & 0 & 0 & 0 & 0 & 0 & 0 & 0 & 0 & 0 & 0 & 0 & 0 & 0 & 0 \\
0.18 & 0.36 & 0.43 & 0 & 0 & 0 & 0 & 0 & 0 & 0 & 0 & 0 & 0 & 0 & 0 & 0 & 0 & 0 & 0 & 0 & 0 \\
0.04 & 0.06 & 0.15 & 0.23 & 0 & 0 & 0 & 0 & 0 & 0 & 0 & 0 & 0 & 0 & 0 & 0 & 0 & 0 & 0 & 0 & 0 \\
0.04 & 0.06 & 0.11 & 0.31 & 0.30 & 0 & 0 & 0 & 0 & 0 & 0 & 0 & 0 & 0 & 0 & 0 & 0 & 0 & 0 & 0 & 0 \\
0.03 & 0.03 & 0.05 & 0.10 & 0.22 & 0.23 & 0 & 0 & 0 & 0 & 0 & 0 & 0 & 0 & 0 & 0 & 0 & 0 & 0 & 0 & 0 \\
0.03 & 0.03 & 0.05 & 0.07 & 0.13 & 0.29 & 0.27 & 0 & 0 & 0 & 0 & 0 & 0 & 0 & 0 & 0 & 0 & 0 & 0 & 0 & 0 \\
0.02 & 0.03 & 0.04 & 0.05 & 0.07 & 0.12 & 0.26 & 0.27 & 0 & 0 & 0 & 0 & 0 & 0 & 0 & 0 & 0 & 0 & 0 & 0 & 0 \\
0.02 & 0.02 & 0.03 & 0.04 & 0.05 & 0.07 & 0.12 & 0.26 & 0.27 & 0 & 0 & 0 & 0 & 0 & 0 & 0 & 0 & 0 & 0 & 0 & 0 \\
0.02 & 0.02 & 0.02 & 0.03 & 0.04 & 0.05 & 0.07 & 0.12 & 0.26 & 0.27 & 0 & 0 & 0 & 0 & 0 & 0 & 0 & 0 & 0 & 0 & 0 \\
0.01 & 0.02 & 0.02 & 0.03 & 0.03 & 0.04 & 0.05 & 0.07 & 0.12 & 0.27 & 0.28 & 0 & 0 & 0 & 0 & 0 & 0 & 0 & 0 & 0 & 0 \\
0.01 & 0.01 & 0.02 & 0.02 & 0.03 & 0.03 & 0.04 & 0.05 & 0.07 & 0.12 & 0.26 & 0.27 & 0 & 0 & 0 & 0 & 0 & 0 & 0 & 0 & 0 \\
0.01 & 0.01 & 0.01 & 0.02 & 0.02 & 0.03 & 0.03 & 0.04 & 0.05 & 0.07 & 0.11 & 0.26 & 0.26 & 0 & 0 & 0 & 0 & 0 & 0 & 0 & 0 \\
0.01 & 0.01 & 0.01 & 0.02 & 0.02 & 0.02 & 0.03 & 0.03 & 0.04 & 0.05 & 0.07 & 0.12 & 0.27 & 0.27 & 0 & 0 & 0 & 0 & 0 & 0 & 0 \\
0.01 & 0.01 & 0.01 & 0.01 & 0.02 & 0.02 & 0.02 & 0.03 & 0.03 & 0.04 & 0.05 & 0.07 & 0.12 & 0.26 & 0.27 & 0 & 0 & 0 & 0 & 0 & 0 \\
0.01 & 0.01 & 0.01 & 0.01 & 0.01 & 0.02 & 0.02 & 0.02 & 0.03 & 0.03 & 0.04 & 0.05 & 0.07 & 0.12 & 0.26 & 0.27 & 0 & 0 & 0 & 0 & 0 \\
0.00 & 0.01 & 0.01 & 0.01 & 0.01 & 0.01 & 0.02 & 0.02 & 0.02 & 0.03 & 0.03 & 0.04 & 0.05 & 0.07 & 0.12 & 0.27 & 0.27 & 0 & 0 & 0 & 0 \\
0.00 & 0.00 & 0.01 & 0.01 & 0.01 & 0.01 & 0.01 & 0.02 & 0.02 & 0.02 & 0.03 & 0.03 & 0.04 & 0.05 & 0.07 & 0.12 & 0.26 & 0.27 & 0 & 0 & 0 \\
0.00 & 0.00 & 0.01 & 0.01 & 0.01 & 0.01 & 0.01 & 0.01 & 0.02 & 0.02 & 0.02 & 0.03 & 0.03 & 0.04 & 0.05 & 0.07 & 0.12 & 0.26 & 0.27 & 0 & 0 \\
0.00 & 0.00 & 0.00 & 0.01 & 0.01 & 0.01 & 0.01 & 0.01 & 0.01 & 0.02 & 0.02 & 0.02 & 0.03 & 0.03 & 0.04 & 0.05 & 0.07 & 0.12 & 0.26 & 0.27 & 0 \\
0.01 & 0.02 & 0.02 & 0.03 & 0.03 & 0.04 & 0.05 & 0.06 & 0.07 & 0.08 & 0.10 & 0.12 & 0.14 & 0.16 & 0.19 & 0.23 & 0.28 & 0.35 & 0.47 & 0.73 & 1
\end{bmatrix}$$

Dicha función refleja en cada columna la distribución de sus partes fracturadas en forma descendente de tamaño.

Se procede a constituir el modelo matemático, donde confluyen las funciones halladas.

4.1.3 Modelamiento matemático aplicado en la etapa de chancado

Modelamiento que involucra básicamente las Funciones de Clasificación y Fractura, ambos en acción asemejan al proceso de chancado. Considerando además el alimento granulométrico inicial y generando un producto, el mismo que debe ser muy próximo a la data (real).

Segun la relación (2.8).

$$\bar{p} = (\bar{I} - \bar{C})(\bar{I} - \bar{b}\bar{C})^{-}\bar{f}$$

Constituyendo la matriz función de proceso $\bar{X}$. **ANEXO 2**

$$\bar{X} = \left(\bar{I} - \bar{C}\right)\left(\bar{I} - \bar{b}.\bar{C}\right)^{-1} .$$

Obteniendo: $\bar{p} = \bar{X}.\bar{f}$; donde $\bar{f}$ representa la matriz columna - alimento. Tabla (4.1)

Resultando el siguiente producto matricial.

$\bar{p} =$

0	0	0	0	0	0	0	0	0	0	0	0	0	0	0	0	0	0	0	0	0	‖	15.20
0	0	0	0	0	0	0	0	0	0	0	0	0	0	0	0	0	0	0	0	0	‖	27.70
0.10	0.12	0.23	0	0	0	0	0	0	0	0	0	0	0	0	0	0	0	0	0	0	‖	30.30
0.12	0.12	0.13	0.66	0	0	0	0	0	0	0	0	0	0	0	0	0	0	0	0	0	‖	11.20
0.17	0.17	0.16	0.13	0.93	0	0	0	0	0	0	0	0	0	0	0	0	0	0	0	0	‖	4.90
0.09	0.09	0.08	0.05	0.02	1	0	0	0	0	0	0	0	0	0	0	0	0	0	0	0	‖	3.10
0.09	0.09	0.07	0.03	0.01	0	1	0	0	0	0	0	0	0	0	0	0	0	0	0	0	‖	1.90
0.07	0.07	0.05	0.02	0.01	0	0	1	0	0	0	0	0	0	0	0	0	0	0	0	0	‖	1.00
0.06	0.06	0.04	0.02	0.00	0	0	0	1	0	0	0	0	0	0	0	0	0	0	0	0	‖	0.70
0.05	0.05	0.04	0.01	0.00	0	0	0	0	1	0	0	0	0	0	0	0	0	0	0	0	‖	0.30
0.04	0.04	0.03	0.01	0.00	0	0	0	0	0	1	0	0	0	0	0	0	0	0	0	0	‖	0.50
0.03	0.03	0.03	0.01	0.00	0	0	0	0	0	0	1	0	0	0	0	0	0	0	0	0	‖	0.40
0.03	0.03	0.02	0.01	0.00	0	0	0	0	0	0	0	1	0	0	0	0	0	0	0	0	‖	0.30
0.02	0.02	0.02	0.01	0.00	0	0	0	0	0	0	0	0	1	0	0	0	0	0	0	0	‖	0.20
0.02	0.02	0.02	0.01	0.00	0	0	0	0	0	0	0	0	0	1	0	0	0	0	0	0	‖	0.20
0.02	0.02	0.01	0.01	0.00	0	0	0	0	0	0	0	0	0	0	1	0	0	0	0	0	‖	0.20
0.01	0.01	0.01	0.00	0.00	0	0	0	0	0	0	0	0	0	0	0	1	0	0	0	0	‖	0.20
0.01	0.01	0.01	0.00	0.00	0	0	0	0	0	0	0	0	0	0	0	0	1	0	0	0	‖	0.30
0.01	0.01	0.01	0.00	0.00	0	0	0	0	0	0	0	0	0	0	0	0	0	1	0	0	‖	0.20
0.01	0.01	0.01	0.00	0.00	0	0	0	0	0	0	0	0	0	0	0	0	0	0	1	0	‖	0.10
0.05	0.04	0.03	0.01	0.00	0	0	0	0	0	0	0	0	0	0	0	0	0	0	0	1	‖	1.10

Efectuando resulta:

$$\bar{p} = \begin{bmatrix} 0 \\ 0 \\ 0.117574374 \\ 0.165185254 \\ 0.182289426 \\ 0.099905685 \\ 0.081997103 \\ 0.059081702 \\ 0.046545260 \\ 0.035766347 \\ 0.033669512 \\ 0.027206945 \\ 0.022094634 \\ 0.018498842 \\ 0.015826467 \\ 0.013657399 \\ 0.011891119 \\ 0.011254738 \\ 0.008920048 \\ 0.006732397 \\ 0.041902748 \end{bmatrix}$$

La matriz columna "$\bar{p}$" obtenida resulta de los valores arbitrarios considerados inicialmente y representa el producto granulométrico provisional; pues al compararlo con la data arroja un error de 0.01972985 como se muestra en la siguiente Tabla 4.4.

Tabla 4.4: Error granulométrico entre modelo y data. (tendencia)

IT	Fraccion peso Ret.(real)		Fraccion peso Ret.(modelo)	Diferencia Absoluta
Mallas	Alimento: f(x)	Producto: f(x)	Producto: f(x)	(Gi-Hi)^2
1	0.152	0	0	0
2	0.277	0	0	0
3	0.303	0.038	0.117574374	0.006332081
4	0.112	0.135	0.165185254	0.00091115
5	0.049	0.206	0.182289426	0.000562191
6	0.031	0.207	0.099905685	0.011469192
7	0.019	0.096	0.081997103	0.000196081
8	0.01	0.055	0.059081702	1.66603E-05
9	0.007	0.048	0.04654526	2.11627E-06
10	0.003	0.024	0.035766347	0.000138447
11	0.005	0.033	0.033669512	4.48247E-07
12	0.004	0.023	0.027206945	1.76984E-05
13	0.003	0.019	0.022094634	9.57676E-06
14	0.002	0.016	0.018498842	6.24421E-06
15	0.002	0.015	0.015826467	6.83048E-07
16	0.002	0.013	0.013657399	4.32174E-07
17	0.002	0.007	0.011891119	2.3923E-05
18	0.003	0.014	0.011254738	7.53646E-06
19	0.002	0.009	0.008920048	6.3924E-09
20	0.001	0.006	0.006732397	5.36406E-07
21	0.011	0.036	0.041902748	3.48424E-05
			Σ(Dt-Md)^2 :	0.019729846

4.1.4 Tendencia del modelo matemático

Asumido los parámetros arbitrarios e insertados en cada función que conforman el modelo, lo que se intenta en primera instancia es buscar cierta tendencia del modelo matemático hacia la data. Habituando una siguiente Tabla 4.5.

Tabla 4.5. Valores comparativos entre el modelo y la data. (tendencia)

IT	Producto : Dt G(x)	Producto :Md G(x)	Tamaño promedio:dpi	Producto : Dt F(x)	Producto :Md F(x)
1	0	0	87.988	1	1
2	0	0	62.217	1	1
3	0.038	0.117574374	35.921	0.962	0.882425626
4	0.173	0.282759627	21.997	0.827	0.717240373
5	0.379	0.465049053	15.554	0.621	0.534950947
6	0.586	0.564954738	10.999	0.414	0.435045262
7	0.682	0.64695184	7.977	0.318	0.35304816
8	0.737	0.706033543	5.603	0.263	0.293966457
9	0.785	0.752578803	3.954	0.215	0.247421197
10	0.809	0.788345151	2.803	0.191	0.211654849
11	0.842	0.822014663	1.975	0.158	0.177985337
12	0.865	0.849221608	1.389	0.135	0.150778392
13	0.884	0.871316242	0.986	0.116	0.128683758
14	0.90	0.889815084	0.700	0.10	0.110184916
15	0.915	0.905641551	0.496	0.085	0.094358449
16	0.928	0.91929895	0.351	0.072	0.08070105
17	0.935	0.931190069	0.248	0.065	0.068809931
18	0.949	0.942444807	0.175	0.051	0.057555193
19	0.958	0.951364855	0.124	0.042	0.048635145
20	0.964	0.958097252	0.088	0.036	0.041902748
21	1	1	0.062	0	0

Donde es notorio la divergencia de los datos comparativos, consecuentemente con los datos de la Tabla 4.1 y Tabla 4.5 se constituye la siguiente Tabla 4.6.

Tabla 4.6: Datos granulométricos comparativos

Mallas	dpi	Real Prod.F(x)	Modelo Prod.F(x)
1	87.988	1.000	1.000
2	62.217	1.000	1.000
3	35.921	0.962	0.882
4	21.997	0.827	0.717
5	15.554	0.621	0.535
6	10.999	0.414	0.435
7	7.977	0.318	0.353
8	5.603	0.263	0.294
9	3.954	0.215	0.247
10	2.803	0.191	0.212
11	1.975	0.158	0.178
12	1.389	0.135	0.151
13	0.986	0.116	0.129
14	0.700	0.100	0.110
15	0.496	0.085	0.094
16	0.351	0.072	0.081
17	0.248	0.065	0.069
18	0.175	0.051	0.058
19	0.124	0.042	0.049
20	0.088	0.036	0.042
21	0.062	0.000	0.000

Con los datos recopilados según la Tabla 4.6, procedemos a obtener la siguiente Figura 4.3 que revela la tendencia del modelo matemático.

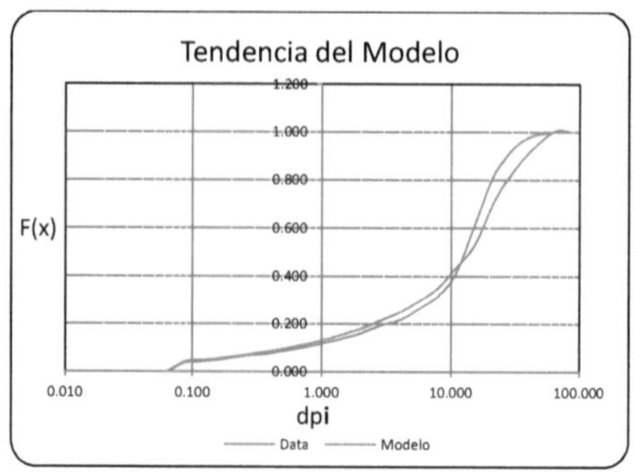

Figura 4.3: Tendencia de modelo

✓ **Interpretar:**

Por el momento solo se ha conseguido reflejar cierta tendencia comparativa del modelo hacia la data, al considerar los siete valores arbitrarios asumidos.

4.1.5. Parámetros óptimos del modelo matemático aplicando Solver.

A continuación, optimizaremos con solver-excel, los siete parámetros del modelo matemático asumidos inicialmente, logrando a su vez minimizar el error de 0.01973 y por ende también conseguir aproximar las lecturas del modelo hacia la data.

Bajo ciertas restricciones paramétricos, Solver procesa, recalcula y arroja los siete siguientes valores:

$$K=0.216036$$
$$n_1 = 0.4545568$$
$$n_2 = 2.5960338$$
$$\propto_1 = 0.5773503$$
$$\propto_2 = 5.2417205$$
$$n = 10$$
$$d^* = 0$$

Con los recientes valores óptimos, el error de modelo tiende a lo más mínimo posible equivalente a 0.002794817; mostrándose a continuación.

Tabla 4.7: Error comparativo entre el modelo y la data. (aproximación)

IT	Fraccion peso Ret.(real)		Fraccion peso Ret.(modelo)	Diferencia Absoluta
Mallas	Alimento: f(x)	Producto: f(x)	Producto: f(x)	(Gi-Hi)^2
1	0.152	0	3.69662E-10	1.3665E-19
2	0.277	0	0.000100238	1.00477E-08
3	0.303	0.038	0.041446612	1.18791E-05
4	0.112	0.135	0.116444468	0.000344308
5	0.049	0.206	0.231236266	0.000636869
6	0.031	0.207	0.173033947	0.001153693
7	0.019	0.096	0.115579655	0.000383363
8	0.01	0.055	0.066107178	0.000123369
9	0.007	0.048	0.044091289	1.5278E-05
10	0.003	0.024	0.030529363	4.26326E-05
11	0.005	0.033	0.027846943	2.6554E-05
12	0.004	0.023	0.022144257	7.32296E-07
13	0.003	0.019	0.017911678	1.18444E-06
14	0.002	0.016	0.01498011	1.04018E-06
15	0.002	0.015	0.01300596	3.9762E-06
16	0.002	0.013	0.011408254	2.53365E-06
17	0.002	0.007	0.010102421	9.62502E-06
18	0.003	0.014	0.009866835	1.70831E-05
19	0.002	0.009	0.007846724	1.33005E-06
20	0.001	0.006	0.005918958	6.56782E-09
21	0.011	0.036	0.040398842	1.93498E-05
			$\Sigma(Dt\text{-}Md)^2$:	0.002794817

4.1.6 Aproximación del modelo matemático en Solver

Con el error mínimo obtenido se procede a mostrar la Tabla 4.8, donde los valores acumulados pasantes comparativamente suelen ser muy similares. Esto implica la aproximación del modelo hacia lo real (data).

Tabla 4.8: Valores comparativos entre el modelo y la data. (aproximación)

IT 0	Tamaño promedio:dpi	Producto : Dt F(x)	Producto : Md F(x)
1	87.9882	1	1
2	62.2170	1	0.99990
3	35.9210	0.962	0.95845
4	21.9970	0.827	0.84201
5	15.5543	0.621	0.61077
6	10.9985	0.414	0.43774
7	7.9767	0.318	0.32216
8	5.6026	0.263	0.25605
9	3.9539	0.215	0.21196
10	2.8033	0.191	0.18143
11	1.9748	0.158	0.15358
12	1.3887	0.135	0.13144
13	0.9864	0.116	0.11353
14	0.7005	0.100	0.09855
15	0.4956	0.085	0.08554
16	0.3507	0.072	0.07413
17	0.2477	0.065	0.06403
18	0.1749	0.051	0.05416
19	0.1236	0.042	0.04632
20	0.0877	0.036	0.04040
21	0.0620	0	0

Con los datos de la Tabla 4.8 se grafican las curvas, obteniéndose la máxima aproximación del modelo respecto a la data, mostrado en la siguiente Figura 4.4.

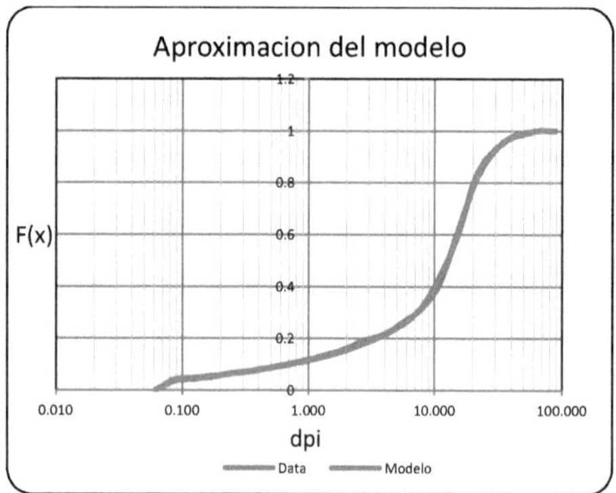

Figura 4.4: Aproximación del modelo

✓ **Interpretación:**

Gráficamente se puede visualizar que la curva del modelo se aproxima hacia la data, corroborando el error mínimo. Debido que los siete parámetros identificados y arrojados por Solver; es lo óptimo.

4.1.7 Resultados y Discusiones

Considerando inicialmente los siete valores arbitrarios, se consigue vislumbrar cierta tendencia del modelo matemático hacia la data granulométrica real del producto, con un error inicial de 0.01972985.

Valores asumidos inicialmente:

$$K = 0.5$$
$$n_1 = 0.5$$
$$n_2 = 3.5$$
$$\propto_1 = 0.725$$
$$\propto_2 = 2.6$$
$$n = 2$$
$$d^* = 0$$

- Los valores a considerar para ser asumidos inicialmente, deben ser tales que impacten y generen la mejor tendencia posible.

Sin embargo, haciendo que el error por cada tamaño granulométrico sea mínimo; se consigue la aproximación deseada con un error final (error de modelo) 0.002795. Además, el recalculo de los valores iniciales por parámetros óptimos, mostrados a continuación.

$$K = 0.216036$$
$$n_1 = 0.4545568$$
$$n_2 = 2.5960338$$
$$\propto_1 = 0.5773503$$
$$\propto_2 = 5.2417205$$
$$n = 10$$
$$d^* = 0$$

Lo acontecido por efecto de Solver herramienta de Excel.

4.1.8 Concluciones

Tan solo con ciertas muestras de planta sometidas a laboratorio-granulometría. Y valiéndonos del modelo matemático; podemos simular, predecir o anticipar datos relevantes, que conlleven a tomar decisiones de control del proceso. Puesto que en proceso continuo (industrial), los parámetros marchan dentro de un rango operativo (rango de estabilidad), ya antes establecido.

Es decir, en primera instancia con los parámetros asumidos en las funciones de clasificación y fractura en el modelo, se consigue la tendencia respectiva. Y al aplicar Solver se logra la aproximación definitiva del modelo matemático respecto a lo real; por efecto del recalculo de los parámetros asumidos y consecuentemente llegar a obtener un error mínimo.

En adelante para cada alimento simularemos un producto y en lo sucesivo poder llegar a establecer un rango de estabilidad del desempeño del equipo (optimización en la etapa del chancado).

Chancado secundario en planta concentradora industrial

- **Caso 2.1:**

    CH-1: HP standard

- **Caso 2.1:**

    CH-3: HP short

4.2.1: Chancado secundario en planta concentradora

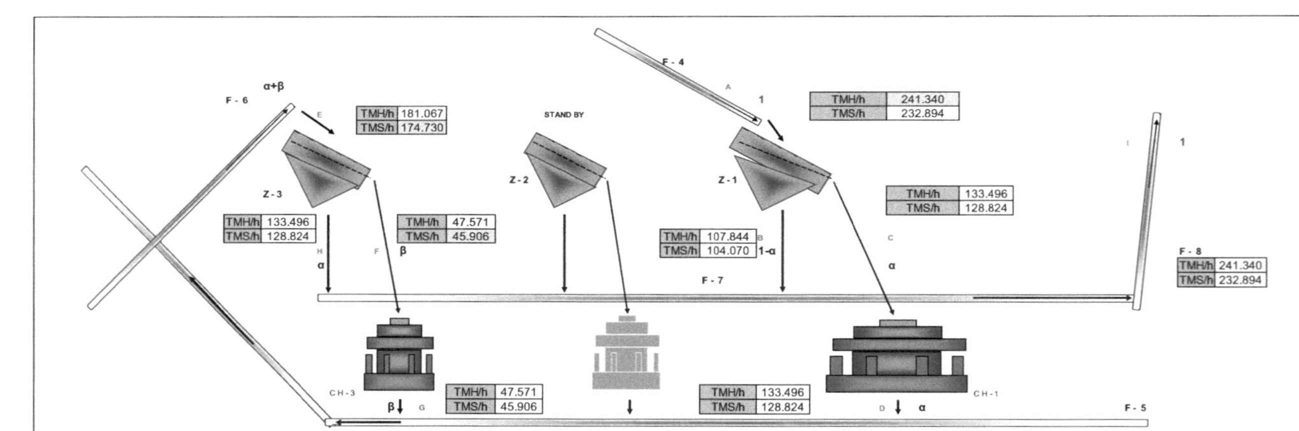

Figura 4.5. Circuito de Chancado Secundario

Donde:

✓ f : alimento Z-1: zaranda N°1 CH-1: Chancadora Estándar en descarga. Faja N°8: F-8
✓ u : under size Z-3: zaranda N°3 CH-3: Chancadora Short en descarga
✓ o : over size Z-2: zaranda N°2 / stand by CH-2: Chancadora / stand h

En la etapa de chancado secundario la planta procesa 241.340 TMH/h.

Además:

El Over Size de la zaranda 1, corresponde el alimento de la chancadora 1. "CH-1". (Tabla 4.9a)

El Over Size de la zaranda 3, corresponde el alimento de la chancadora 3. "CH-3". (Tabla 4.9a)

La descarga de cada chancadora, corresponde a su producto granulométrico.

Se identifican cuatro nodos que cumplen cada uno con su balance de masa.

- Nodo 1: $A=B+C$
- Nodo 2: $D+G=E$
- Nodo 3: $E=F+H$
- Nodo 4: $B+H=I$

4.2.2 Distribución granulométrica en el circuito de chancado (Data)

Distribución granulométrica compartida en las siguientes tablas.

Tabla 4.9a: Distribución granulométrica en el circuito de chancado

	I T		Z-1			CH-1	Z-3		CH-3	Z-3	Fj - 8
Mallas	Abertura	T prom (Xp)	ai ; f	bi ; u	ci ; o	di	ei ; f	fi ; o	gi	hi ; u	ii
1	-8" +7 1/2"	196747.554	0	0	0	0	0	0	0	0	0
2	-7 1/2" +6"	170388.380	0	0	0	0	0	0	0	0	0
3	-6" + 5 1/2 "	145911.891	0	0	0	0	0	0	0	0	0
4	-5 1/2" + 4 1/2 "	126363.405	0	0	0	0	0	0	0	0	0
5	-4 1/2" + 3 1/2 "	100803.125	25.164	0	33.774	0	0	0	0	0	0
6	-3 1/2" + 2 1/4 "	71278.573	5.702	0	22.046	0	0	0	0	0	0
7	-2 1/4" + 1"	38100.000	20.907	0	20.901	36.684	31.531	55.452	4.148	1.872	1.504
8	-1" + 3/4"	21997.045	7.480	0.661	5.095	11.228	3.183	3.897	28.034	2.299	7.519
9	-3/4" + 1/2"	15554.260	7.280	13.409	5.100	9.025	13.036	4.709	32.087	23.360	22.912
10	-1/2" + 3/8 "	10838.588	4.994	10.213	1.883	7.387	8.186	2.008	8.505	15.845	11.005
11	-3/8" + 1/4 "	7664.039	4.935	10.327	1.677	3.807	5.150	1.313	5.361	9.909	9.964
12	-1/4" +m 4	5462.477	4.428	7.663	0.743	3.972	5.306	3.327	3.740	7.760	7.754
13	-m4 +m 6	3953.931	4.044	7.682	0.889	2.567	4.119	2.564	2.874	6.047	6.955
14	-m6 +m 8	2803.279	2.117	8.543	0.969	4.035	3.482	2.993	1.857	4.088	4.049
15	-m8 +m 10	1974.756	2.245	6.857	0.914	3.472	3.809	3.685	1.646	3.963	4.346
16	-m10 +m 20	1172.725	2.902	7.337	1.505	5.122	5.367	5.054	2.494	5.755	5.047
17	-m20 +m 35	589.373	1.846	4.085	1.114	3.264	4.289	4.614	1.740	3.886	3.518
18	-m35 +m 50	351.922	1.482	2.747	0.854	2.191	3.091	3.066	1.472	3.123	3.024
19	-m50 +m 70	249.740	1.060	1.608	0.486	1.343	1.903	1.870	0.922	1.944	1.263
20	-m70 +m 100	175.699	0.599	10.779	0.319	1.213	1.161	0.120	0.759	2.451	1.201
21	-m100 +m 140	123.645	0.748	2.190	0.602	1.395	1.750	1.792	1.079	1.697	2.353
22	-m140 +m 200	87.727	0.816	1.500	0.418	1.410	2.205	1.860	0.570	2.632	2.327
23	-m200 +m 270	62.626	0.676	1.553	0.348	0.954	1.382	1.027	0.912	1.822	2.581
24	-m270 +m400	44.878	0.336	1.276	0.200	0.538	0.442	0.218	0.566	0.719	2.109
25	-m 400	19	0.238	1.569	0.165	0.395	0.607	0.429	1.232	0.828	0.569
		suma	100.00	100.00	100.00	100.00	100.00	100.00	100.000	100.00

Tabla 4.9b: Distribución granulométrica del proceso de chancado.(α).

				α					
(ai-bi)	(bi-ci)	(bi-ii)	(hi-bi)	(ai-bi)(bi-ci)	(bi-ii)(hi-bi)	(bi-ci)^2	(di-ei)^2	(ei-hi)^2	(hi-bi)^2
0	0	0	0	0	0	0	0	0	0
0	0	0	0	0	0	0	0	0	0
0	0	0	0	0	0	0	0	0	0
0	0	0	0	0	0	0	0	0	0
25.164	-33.77	0	0	-849.878	0	1140.687	0	0	0
5.702	-22.05	0	0	-125.700	0	486.027	0	0	0
20.907	-20.90	-1.504	1.872	-436.973	-2.816	436.857	26.551	901.64	3.505
6.819	-4.433	-6.858	1.637	-30.230	-11.228	19.655	64.713	18.801	2.680
-6.129	8.309	-9.503	9.951	-50.924	-94.568	69.038	16.083	97.542	99.028
-5.219	8.330	-0.791	5.632	-43.480	-4.457	69.397	0.638	7.948	31.716
-5.392	8.650	0.363	-0.418	-46.640	-0.152	74.820	1.805	23.168	0.175
-3.234	6.920	-0.092	0.098	-22.379	-0.009	47.882	1.780	5.993	0.010
-3.638	6.793	0.727	-1.635	-24.711	-1.189	46.151	2.409	8.044	2.674
-6.426	7.573	4.494	-4.455	-48.666	-20.021	57.357	0.307	0.321	19.847
-4.612	5.943	2.510	-2.894	-27.409	-7.265	35.323	0.114	0.289	8.375
-4.434	5.832	2.290	-1.582	-25.863	-3.623	34.016	0.060	0.103	2.503
-2.239	2.971	0.567	-0.199	-6.653	-0.113	8.828	1.050	0.595	0.040
-1.266	1.893	-0.277	0.376	-2.396	-0.104	3.584	0.812	0.004	0.141
-0.547	1.122	0.345	0.337	-0.614	0.116	1.259	0.314	0.410	0.113
-10.18	10.460	9.578	-8.328	-106.488	-79.763	109.415	0.003	0.002	69.350
-1.442	1.589	-0.162	-0.494	-2.290	0.080	2.524	0.126	0.364	0.244
-0.684	1.082	-0.827	1.132	-0.740	-0.935	1.171	0.632	0.015	1.280
-0.877	1.205	-1.028	0.269	-1.057	-0.277	1.453	0.184	1.436	0.073
-0.940	1.076	-0.832	-0.558	-1.012	0.464	1.158	0.009	2.779	0.311
-1.331	1.404	1.000	-0.741	-1.869	-0.741	1.972	0.045	0.001	0.549
100.00	0	0	0	-1855.97	-226.600	2648.57	117.635	1069.4	242.61

Tabla 4.9c: Distribución granulométrica del proceso de chancado$(\bar{\beta})$

				β			
(gi-ei)	(di-ei)	(ei-fi)	(ei-hi)	(gi-ei)(di-ei)	(ei-fi)(ei-hi)	(gi-ei)^2	(ei-fi)^2
0	0	0	0	0	0	0	0
0	0	0	0	0	0	0	0
0	0	0	0	0	0	0	0
0	0	0	0	0	0	0	0
0	0	0	0	0	0	0	0
0	0	0	0	0	0	0	0
-27.38	5.153	-23.92	29.659	-141.098	-709.481	749.840	572.213
24.850	8.044	-0.714	0.885	199.908	-0.631	617.546	0.509
19.052	-4.010	8.327	-10.32	-76.405	-85.973	362.961	69.339
0.320	-0.799	6.177	-7.659	-0.255	-47.316	0.102	38.161
0.211	-1.343	3.838	-4.758	-0.283	-18.260	0.044	14.727
-1.567	-1.334	1.979	-2.454	2.090	-4.857	2.454	3.917
-1.245	-1.552	1.555	-1.928	1.932	-2.997	1.550	2.417
-1.625	0.554	0.489	-0.606	-0.900	-0.296	2.641	0.239
-2.163	-0.338	0.124	-0.154	0.730	-0.019	4.678	0.015
-2.873	-0.246	0.313	-0.388	0.705	-0.121	8.256	0.098
-2.549	-1.024	-0.325	0.403	2.611	-0.131	6.497	0.106
-1.619	-0.901	0.025	-0.032	1.459	-0.001	2.622	0.001
-0.981	-0.560	0.033	-0.041	0.550	-0.001	0.962	0.001
-0.401	0.052	1.041	-1.291	-0.021	-1.343	0.161	1.084
-0.671	-0.355	-0.043	0.053	0.238	-0.002	0.450	0.002
-1.634	-0.795	0.345	-0.427	1.300	-0.147	2.672	0.119
-0.470	-0.429	0.355	-0.440	0.202	-0.156	0.221	0.126
0.125	0.097	0.223	-0.277	0.012	-0.062	0.016	0.050
0.625	-0.212	0.178	-0.221	-0.133	-0.039	0.391	0.032
0	0	0	0	-7.357	-871.834	1764.1	0.000

4.2.3 Coeficientes de proporcionalidad: α y β, en el circuito de chancado.

En el circuito de chancado secundario (Figura 4.5) se identifican cuatro nodos (punto donde confluyen los flujos), además se cumple la(s) entrada(s) es igual a la(s) salida(s) de masa.

Tabla 4.9d: Balance de masa en el Circuito de chancado

Balance de masa		
	Flujos	Por mallas
Nodo 1	$A = B + C$	$aA = bB + cC$
Nodo 2	$D + G = E$	$dD = gG + eE$
Nodo 3	$E = F + H$	$eE = fF + hH$
Nodo 4	$B + H = I$	$bB + hH = iI$

rocedemos designando cada flujo un equivalente en función de los coeficientes de proporcionalidad. Así mismo por cada nodo forzamos su respectivo error (Δi).

Flujos: |

$A=1,\quad B=1-\alpha,\quad C=\alpha,\quad D=\alpha,\quad E=\alpha+\beta,\quad F=\beta,\quad G=\beta,\quad H=\alpha,\quad I=1$

	i: mallas:	*Errores:* Δi
Nodo 1:	$a(1) = b(1-\alpha) + c(\alpha);$	$\Delta 1 = \alpha(b - c) + (a - b)$
Nodo 2:	$d(\alpha) + g(\beta) = e(\alpha + \beta);$	$\Delta 2 = \alpha\,(d - e) + \beta(g - e)$
Nodo 3:	$e(\alpha + \beta) = f(\beta) + h(\alpha);$	$\Delta 3 = \alpha\,(e - h) + \beta(e - f)$
Nodo 4:	$b(1-\alpha) + h(\alpha) = i(1);$	$\Delta 4 = \alpha\,(h - b) + (b - i)$

Haciendo "S" la sumatoria de los cuadrados de los errores:

$$S = (\Delta 1)^2 + (\Delta 2)^2 + (\Delta 3)^2 + (\Delta 4)^2$$

$$S = [\alpha(b - c) + (a - b)]^2 + [\alpha(d - e) + \beta(g - e)]^2 + [\alpha(e - h) + \beta(e - f)]^2 + [\alpha(h - b) + (b - i)]^2 \qquad (4.1)$$

Donde debe cumplirse que las derivadas parciales de la sumatoria de los cuadrados de los errores, e iguales a cero.

Iniciamos derivando "S" respecto a "α"

$$\frac{\partial S}{\partial \alpha} = 0$$

$$2[\alpha(b-c) + (a-b)](b-c) + 2[\alpha(d-e) + \beta(g-e)](d-e) + 2[\alpha(e-h) + \beta(e-f)](e-h) + 2[\alpha(h-b) + (b-i)](h-b) = 0$$

$$\alpha(b-c)^2 + (a-b)(b-c) + \alpha(d-e)^2 + \beta(g-e)(d-e) + \alpha(e-h)^2 + \beta(e-f)(e-h) + \alpha(h-b)^2 + (b-i)(h-b) = 0$$

Obteniendo:

$$\boldsymbol{\alpha}[(\mathbf{b}-\mathbf{c})^2 + (\mathbf{d}-\mathbf{e})^2 + (\mathbf{e}-\mathbf{h})^2 + (\mathbf{h}-\mathbf{b})^2] + \boldsymbol{\beta}[(\mathbf{g}-\mathbf{e})(\mathbf{d}-\mathbf{e}) + (\mathbf{e}-\mathbf{f})(\mathbf{e}-\mathbf{h})] + (\mathbf{a}-\mathbf{b})(\mathbf{b}-\mathbf{c}) + (\mathbf{b}-\mathbf{i})(\mathbf{h}-\mathbf{b}) = \mathbf{o} \qquad (4.2)$$

Luego derivando "S" respecto a "β"

$$\frac{\partial S}{\partial \beta} = 0$$

$$2[\alpha(d-e) + \beta(g-e)](g-e) + 2[\alpha(e-h) + \beta(e-f)](e-f) = 0$$

$$\alpha(d-e)(g-e) + \beta(g-e)^2 + \alpha(e-h)(e-f) + \beta(e-f)^2 = 0$$

$$\alpha[(d-e)(g-e)+(e-h)(e-f)]+\beta[(g-e)^2+(e-f)^2]=0$$

Obteniendo:

$$\alpha = -\beta\frac{[(g-e)^2+(e-f)^2]}{[(d-e)(g-e)+(e-h)(e-f)]} \tag{4.3}$$

Reemplazando en (4.2):

$$-\beta\frac{[(g-e)^2+(e-f)^2]}{[(d-e)(g-e)+(e-h)(e-f)]}\cdot[(b-c)^2+(d-e)^2+(e-h)^2+(h-b)^2]+\beta[(g-e)(d-e)+(e-f)(e-h)]$$
$$+(a-b)(b-c)+(b-i)(h-b)=0$$

$$\beta\left\{[(g-e)(d-e)+(e-f)(e-h)]-\frac{[(g-e)^2+(e-f)^2]}{[(d-e)(g-e)+(e-h)(e-f)]}\cdot[(b-c)^2+(d-e)^2+(e-h)^2+(h-b)^2]\right\}+(a-b)(b-c)$$
$$+(b-i)(h-b)=0$$

Despejando β resulta:

$$\beta = -\frac{(a-b)(b-c)+(b-i)(h-b)}{(g-e)(d-e)+(e-f)(e-h)-\dfrac{[(g-e)^2+(e-f)^2][(b-c)^2+(d-e)^2+((e-h)^2+(h-b)^2]}{(d-e)(g-e)+(e-h)(e-f)}} \qquad (4.4)$$

Sustituyendo los valores según la Tabla 4.9b y la Tabla 4.9c; se obtiene el valor de β:

$$\beta = 0.285$$

Con el reciente valor obtenido y según los valores de la Tabla 4.9c; que reemplazados en la relación (4.3), se obtiene el valor de α:

$$\alpha = 0.572$$

Luego la carga circulante: CC

$$CC = \left(\frac{\beta}{\alpha}\right) 100 = 48.83\%$$

A continuación de acuerdo al circuito nos limitaremos y nos ocuparemos en el desempeño de las chancadoras, en planta concentradora.

Caso 2.1

•Chancadora N°1: HP standard

CSS: 26 mm

Caso 2.2

•Chancadora N°3: HP short

CSS: 12 mm

Chancadora N°1:

HP standard

CSS: 26 mm

SSE:0.001680023

$$\bar{p} = (\bar{I} - \bar{C})(\bar{I} - \bar{b}.\bar{C})^{-}.\bar{f}$$

4.2.4.1 Desempeño de la Chancadora N°1-HP standard

Lo detallado en el Caso 1: Aplicación del modelo matemático en el desempeño de la chancadora de quijada, con la condición inicial de la chancadora y su respectiva distribución granulométrica; además de sus parámetros asumidos inicialmente generándose la tendencia del modelo matemático. Luego por efecto de Solver se consiguió como resultado el recalculo de los siete parámetros y un error comparativo mínimo, logrando una buena aproximación a lo real.

En este Caso 2.1 y el sucesivo Caso 2.2, sintetizaremos y solo se detallará el procedimiento y los resultados arrojados por efecto de Solver.

La abertura de la chancadora N°1-HP standard es *CSS*: 26 mm y de acuerdo al circuito de chancado, el Over Size de la zaranda-1 corresponde al alimento de la chancadora y su descarga al producto respectivo. De lo mencionado también se muestra a continuación su distribución granulométrica, según la Tabla 4.10a.

Tabla 4.10a: Distribución granulométrica de la chancadora CH-1

| | I T | Tamaño (mm) | | | Fraccion peso | |
| | | Maximo | Minimo | Promedio | Ret.(real) | |
Mallas	Abertura mallas	Di-1	Di	dpi	Alimento: f(x)	Producto: f(x)
1	-5 1/2" + 4 1/2 "	139.7	114.3	126.3634	0	0
2	-4 1/2" + 3 1/2 "	114.3	88.9	100.8031	0.3377	0
3	-3 1/2" + 2 1/4 "	88.9	57.15	71.27857	0.2205	0
4	-2 1/4" + 1"	57.15	25.4	38.100	0.2090	0.3668
5	-1" + 3/4"	25.4	19.05	21.997	0.0509	0.1123
6	-3/4" + 1/2"	19.05	12.7	15.554	0.0510	0.0903
7	-1/2" + 3/8 "	12.7	9.25	10.839	0.0188	0.0739
8	-3/8" + 1/4 "	9.25	6.35	7.664	0.0168	0.0381
9	-1/4" +m 4	6.35	4.699	5.462	0.0074	0.0397
10	-m4 +m 6	4.699	3.327	3.954	0.0089	0.0257
11	-m6 +m 8	3.327	2.362	2.803	0.0097	0.0404
12	-m8 +m 10	2.362	1.651	1.975	0.0091	0.0347
13	-m10 +m 20	1.651	0.833	1.173	0.0150	0.0512
14	-m20 +m 35	0.833	0.417	0.589	0.0111	0.0326
15	-m35 +m 50	0.417	0.297	0.352	0.0085	0.0219
16	-m50 +m 70	0.297	0.21	0.250	0.0049	0.0134
17	-m70 +m 100	0.21	0.147	0.176	0.0032	0.0121
18	-m100 +m 140	0.147	0.104	0.124	0.0060	0.0139
19	-m140 +m 200	0.104	0.074	0.088	0.0042	0.0141
20	-m200 +m 270	0.074	0.053	0.063	0.0035	0.0095
21	-m270 +m400	0.053	0.038	0.045	0.0020	0.0054
22	-m 400	0.038	0	0.019	0.0017	0.0039
				Suma:	1	1

Tabla 4.10a proviene de la Tabla 4.9a.

Se muestra los siete valores arbitrarios que se asumen inicialmente, correspondiente a las funciones de Clasificación y Fractura en concordancia con sus rangos operativos.

Corresponde a la función fractura: $K = 0.5$; $n_1 = 0.5$; $n_2 = 4.5$

Corresponde a la función clasificación: $\alpha_1 = 1$; $\alpha_2 = 2$; $n = 1$; $d^* = 0$

Conllevan a un error inicial de 0.003349

En la siguiente Tabla 4.10b, se puede observar los datos comparativos muy próximos debido al efecto de Solver; pues recalculando los valores ubicó y determinó los siete parámetros óptimos, propiciando un error mínimo de 0.001680023.

Tabla 4.10b: Distribución granulométrica comparativa de la chancadora N°1

Fraccion peso Ret.(modelo)	Diferencia Absoluta	(+Ac) Real	(+Ac) Modelo	(-Ac) Real	(-Ac) Modelo
Producto: f(x)	(Gi-Hi)^2	Prod.G(x)	Prod.G(x)	Prod.F(x)	Prod.F(x)
0	0	0	0	1	1
0	0	0	0	1	1
0	0	0	0	1	1
0.3692	0.0000058	0.3668	0.3692	0.6332	0.6308
0.1098	0.0000061	0.4791	0.4791	0.5209	0.5209
0.1118	0.0004626	0.5694	0.5908	0.4306	0.4092
0.0572	0.0002782	0.6432	0.6480	0.3568	0.3520
0.0552	0.0002927	0.6813	0.7032	0.3187	0.2968
0.0336	0.0000370	0.7210	0.7368	0.2790	0.2632
0.0348	0.0000827	0.7467	0.7716	0.2533	0.2284
0.0316	0.0000768	0.7871	0.8032	0.2129	0.1968
0.0286	0.0000373	0.8218	0.8318	0.1782	0.1682
0.0444	0.0000470	0.8730	0.8761	0.1270	0.1239
0.0327	0.0000000	0.9056	0.9089	0.0944	0.0911
0.0169	0.0000256	0.9275	0.9257	0.0725	0.0743
0.0121	0.0000018	0.9410	0.9378	0.0590	0.0622
0.0095	0.0000068	0.9531	0.9473	0.0469	0.0527
0.0112	0.0000073	0.9670	0.9586	0.0330	0.0414
0.0086	0.0000306	0.9811	0.9671	0.0189	0.0329
0.0072	0.0000057	0.9907	0.9743	0.0093	0.0257
0.0051	0.0000001	0.9961	0.9794	0.0039	0.0206
0.0206	0.0002760	1.0000	1.0000	0.0000	0.0000
1	0.001680023				

4.2.4.2 Funciones matriciales afines al Modelamiento matemático

Se procede a constituir las funciones de Clasificación, Fractura y el Producto granulométrico en concordancia con la distribución granulométrica inicial; sumado a los siete parámetros óptimos ya obtenidos mediante Solver y su respectiva función.

4.2.4.2a) Función Clasificación. Ci

Se muestra los cuatro valores de los parámetros recalculados de la Función Clasificación (2.1a); obviamente dentro de sus límites o rangos correspondientes.

	Valores óptimos	Restricciones
$\alpha_1 =$	0.999687	$0 \leq \alpha_1 \leq 1$
$\alpha_2 =$	2.240025	$0.1 \leq \alpha_2 \leq 10$
$n =$	0.804153	$0.1 \leq n \leq 10$
$d^* =$	0	$d^* \geq 0$

Luego considerando:

✓ La función (2.1a).

✓ Los tamaños promedios granulométricos (dpi) de Tabla 4.10a

También:

$$d_1 = \alpha_1 . CSS \quad ; \quad d_1 = 26$$
$$d_2 = \alpha_2 . CSS + d^* \quad ; \quad d_2 = 66.0814$$

Ya se obtiene la función $\overline{\mathbf{C}} = \text{Diag}(C_i)$

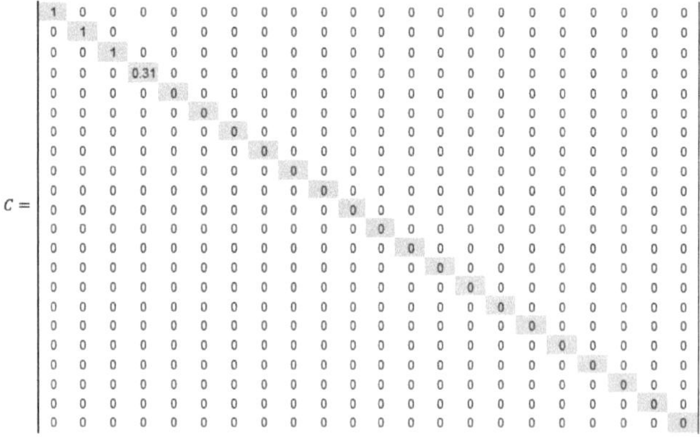

A continuación, se muestra su distribución granulométrica en la siguiente Tabla 4.11

Tabla 4.11: Distribución granulométrica de la función Clasificación.

mallas	dpi	Ci
1	126.363	1
2	100.803	1
3	71.279	1
4	38.100	0.314927
5	21.997	0
6	15.554	0
7	10.839	0
8	7.664	0
9	5.462	0
10	3.954	0
11	2.803	0
12	1.975	0
13	1.173	0
14	0.589	0
15	0.352	0
16	0.250	0
17	0.176	0
18	0.124	0
19	0.088	0
20	0.063	0
21	0.045	0
22	0.019	0

Seguidamente la gráfica respectiva de la función clasificación se verá reflejada en la siguiente Figura 4.6.

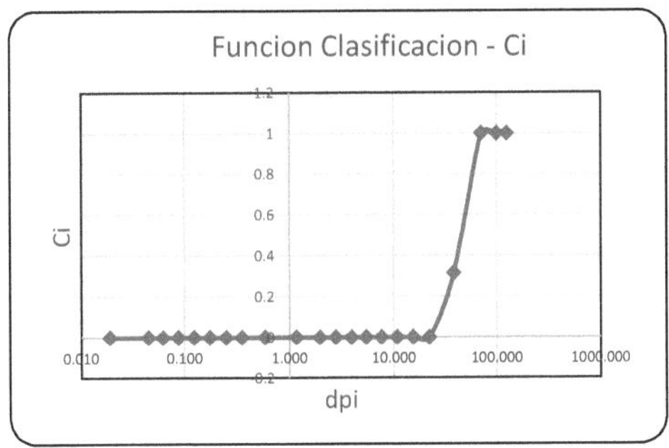

Figura 4.6: Función Clasificación. CH-1

> **Interpretación:**

La abertura de la chancadora es de 26 mmm y luego del proceso de chancado vemos (según Tabla 4.11), que las partículas menores a 22 mm pasaron y fueron a la descarga normalmente. Sin embargo, las partículas con un promedio de 38.1mmm han tenido la probabilidad de ser fracturados y más aún las partículas de 71.3 mm, 100.8 mm y 126.4 mm; inevitablemente fueron fracturados. (corroborado según la Figura 4.6).

4.2.4.2b) Función Fractura Acumulada "B(x,y)".

Se muestra los valores de los tres parámetros recalculados de la función en mención (2.2a), obviamente dentro de sus límites correspondientes.

	Valores óptimos	Restricciones
$k =$	0.530064	$0 \leq k \leq 1$
$n_1 =$	0.460621	$0 \leq n_1 \leq 10$
$n_2 =$	4.579849	$0 \leq n_2 \leq 10$

Luego considerando:

✓ La función (2.2a).

✓ El tamaño promedio (dpi) y el tamaño mínimo (Di); de Tabla (4.10a).

Se obtiene la función B(x,y), mostrado en la Tabla 4.12. ANEXO 3.

Su grafica se verá reflejada en la siguiente Figura 4.7

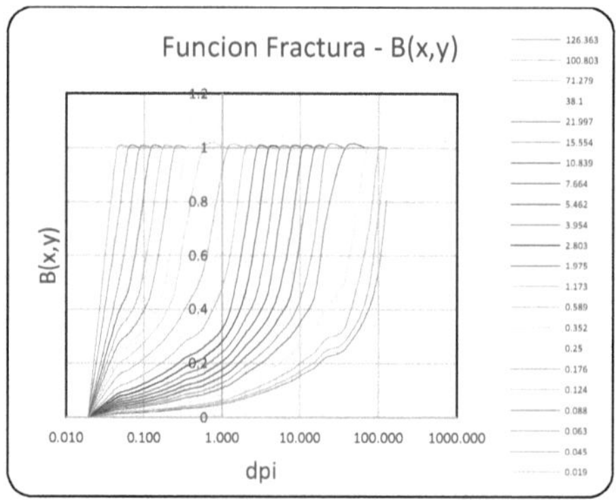

Figura 4.7: Función Fractura Acumulada. CH-1

> **Interpretación:**

Se refiere básicamente a la distribución de la fragmentación material ante la gama de intervalos de tamaños menores, por efecto del chancado.

4.2.4.2c) Función Fractura Fraccionada" b"

En forma sintetizada presentamos la función fractura fraccionada. (2.3b)

$\bar{b}=$

0.19492	0	0	0	0	0	0	0	0	0	0	0	0	0	0	0	0	0	0	0	0	0
0.25731	0.23299	0	0	0	0	0	0	0	0	0	0	0	0	0	0	0	0	0	0	0	0
0.16566	0.32141	0.34732	0	0	0	0	0	0	0	0	0	0	0	0	0	0	0	0	0	0	0
0.12791	0.16287	0.31755	0.48388	0	0	0	0	0	0	0	0	0	0	0	0	0	0	0	0	0	0
0.03185	0.03575	0.04435	0.10912	0.25811	0	0	0	0	0	0	0	0	0	0	0	0	0	0	0	0	0
0.03806	0.04238	0.05049	0.08305	0.28977	0.32851	0	0	0	0	0	0	0	0	0	0	0	0	0	0	0	0
0.02513	0.02791	0.03287	0.04616	0.08583	0.20812	0.27711	0	0	0	0	0	0	0	0	0	0	0	0	0	0	0
0.02541	0.02821	0.03314	0.04484	0.06451	0.10308	0.26531	0.31242	0	0	0	0	0	0	0	0	0	0	0	0	0	0
0.01738	0.0193	0.02265	0.03036	0.04024	0.05175	0.08486	0.21168	0.26694	0	0	0	0	0	0	0	0	0	0	0	0	0
0.01717	0.01906	0.02237	0.02991	0.03886	0.04684	0.06177	0.10288	0.25998	0.29448	0	0	0	0	0	0	0	0	0	0	0	0
0.01453	0.01613	0.01893	0.0253	0.03267	0.0386	0.04696	0.06144	0.10092	0.24036	0.29286	0	0	0	0	0	0	0	0	0	0	0
0.01292	0.01434	0.01683	0.02249	0.029	0.0341	0.04059	0.049	0.06356	0.10032	0.24755	0.30207	0	0	0	0	0	0	0	0	0	0
0.01945	0.0216	0.02535	0.03386	0.04366	0.05126	0.06064	0.07149	0.08508	0.105	0.15354	0.33099	0.446	0	0	0	0	0	0	0	0	0
0.01432	0.01589	0.01866	0.02492	0.03213	0.03771	0.04457	0.05233	0.06126	0.07141	0.08509	0.10681	0.21924	0.44857	0	0	0	0	0	0	0	0
0.00551	0.00612	0.00719	0.0096	0.01237	0.01452	0.01716	0.02015	0.02356	0.02737	0.03214	0.03803	0.05135	0.1423	0.29092	0	0	0	0	0	0	0
0.00481	0.00534	0.00626	0.00837	0.01079	0.01266	0.01496	0.01756	0.02054	0.02385	0.02797	0.03294	0.04256	0.07401	0.24436	0.29529	0	0	0	0	0	0
0.0042	0.00467	0.00548	0.00732	0.00943	0.01107	0.01309	0.01536	0.01796	0.02086	0.02446	0.02877	0.03674	0.05375	0.09981	0.24534	0.30122	0	0	0	0	0
0.00347	0.00385	0.00452	0.00604	0.00778	0.00913	0.01079	0.01267	0.01481	0.0172	0.02017	0.02371	0.0302	0.04215	0.05968	0.09508	0.23724	0.29494	0	0	0	0
0.00291	0.00323	0.00379	0.00506	0.00653	0.00766	0.00906	0.01063	0.01243	0.01443	0.01692	0.0199	0.02532	0.03494	0.04562	0.05866	0.09492	0.23916	0.29151	0	0	0
0.00244	0.00271	0.00318	0.00425	0.00548	0.00643	0.0076	0.00892	0.01043	0.01211	0.0142	0.0167	0.02125	0.02923	0.03737	0.0449	0.05831	0.0956	0.23877	0.28753	0	0
0.00209	0.00232	0.00272	0.00363	0.00468	0.0055	0.00649	0.00762	0.00891	0.01035	0.01213	0.01427	0.01816	0.02496	0.03174	0.03743	0.04525	0.05916	0.09718	0.24096	0.28688	0
0.01255	0.01393	0.01635	0.02184	0.02816	0.03305	0.03906	0.04584	0.05361	0.06225	0.07298	0.08581	0.10919	0.15008	0.1905	0.2233	0.26306	0.31114	0.37254	0.47151	0.71312	1

➢ **Interpretación:**

El fracturamiento del material mineral en su continuidad se va disgregando, donde la suma de sus partes conforma su unidad; es decir tal acto sucede en cada columna de la función, a excepción de la última.
Se procede a constituir el modelo matemático, donde confluyen las funciones halladas.

4.2.4.3 Modelamiento matemático aplicado en la etapa de chancado

$$\bar{p} = (\bar{I} - \bar{C})(\bar{I} - \bar{b}\bar{C})^{-}\bar{f} \quad (2.8) \qquad ; \qquad \bar{p} = \bar{X}.\bar{f} \quad (2.1)$$

Donde:

- $\bar{p}$: producto granulométrico.
- $\bar{X}$: matriz de proceso.
- $\bar{f}$: alimento granulométrico.

La función proceso $\bar{X}$, constituida básicamente por las funciones de clasificación y fractura, que en forma sintetizada conllevan a la expresión siguiente.

$\bar{x} =$

0	0	0	0	0	0	0	0	0	0	0	0	0	0	0	0	0	0	0	0	0	0
0	0	0	0	0	0	0	0	0	0	0	0	0	0	0	0	0	0	0	0	0	0
0	0	0	0	0	0	0	0	0	0	0	0	0	0	0	0	0	0	0	0	0	0
0.3168515	0.336409	0.393233	0.808238	0	0	0	0	0	0	0	0	0	0	0	0	0	0	0	0	0	0
0.0934369	0.091962	0.087678	0.040543	1	0	0	0	0	0	0	0	0	0	0	0	0	0	0	0	0	0
0.1033143	0.100512	0.092371	0.030858	0	1	0	0	0	0	0	0	0	0	0	0	0	0	0	0	0	0
0.0666751	0.064635	0.058708	0.017151	0	0	1	0	0	0	0	0	0	0	0	0	0	0	0	0	0	0
0.0670917	0.064989	0.058879	0.016661	0	0	0	1	0	0	0	0	0	0	0	0	0	0	0	0	0	0
0.0458403	0.044395	0.040195	0.011279	0	0	0	0	1	0	0	0	0	0	0	0	0	0	0	0	0	0
0.0452676	0.043838	0.039685	0.011114	0	0	0	0	0	1	0	0	0	0	0	0	0	0	0	0	0	0
0.0383054	0.037095	0.033579	0.009399	0	0	0	0	0	0	1	0	0	0	0	0	0	0	0	0	0	0
0.0340603	0.032984	0.029857	0.008356	0	0	0	0	0	0	0	1	0	0	0	0	0	0	0	0	0	0
0.0512876	0.049667	0.044959	0.012582	0	0	0	0	0	0	0	0	1	0	0	0	0	0	0	0	0	0
0.0377453	0.036553	0.033088	0.009259	0	0	0	0	0	0	0	0	0	1	0	0	0	0	0	0	0	0
0.014538	0.014079	0.012744	0.003566	0	0	0	0	0	0	0	0	0	0	1	0	0	0	0	0	0	0
0.0126726	0.012272	0.011109	0.003109	0	0	0	0	0	0	0	0	0	0	0	1	0	0	0	0	0	0
0.0110841	0.010734	0.009716	0.002719	0	0	0	0	0	0	0	0	0	0	0	0	1	0	0	0	0	0
0.0091408	0.008852	0.008013	0.002242	0	0	0	0	0	0	0	0	0	0	0	0	0	1	0	0	0	0
0.0076706	0.007428	0.006724	0.001882	0	0	0	0	0	0	0	0	0	0	0	0	0	0	1	0	0	0
0.0064372	0.006234	0.005643	0.001579	0	0	0	0	0	0	0	0	0	0	0	0	0	0	0	1	0	0
0.0055004	0.005327	0.004822	0.001349	0	0	0	0	0	0	0	0	0	0	0	0	0	0	0	0	1	0
0.0330803	0.032035	0.028998	0.008115	0	0	0	0	0	0	0	0	0	0	0	0	0	0	0	0	0	1

Luego el producto granulométrico: $\bar{p} = \bar{x}.\bar{f}$; donde $\bar{f}$ representa la matriz alimento.

$\bar{p} =$

																						$\bar{f}$
0	0	0	0	0	0	0	0	0	0	0	0	0	0	0	0	0	0	0	0	0	0	0
0	0	0	0	0	0	0	0	0	0	0	0	0	0	0	0	0	0	0	0	0	0	0.338
0	0	0	0	0	0	0	0	0	0	0	0	0	0	0	0	0	0	0	0	0	0	0.220
0.3168515	0.336409	0.393233	0.808238	0	0	0	0	0	0	0	0	0	0	0	0	0	0	0	0	0	0	0.209
0.0934369	0.091962	0.087678	0.040543	1	0	0	0	0	0	0	0	0	0	0	0	0	0	0	0	0	0	0.051
0.1033143	0.100512	0.092371	0.030858	0	1	0	0	0	0	0	0	0	0	0	0	0	0	0	0	0	0	0.051
0.0666751	0.064635	0.058708	0.017151	0	0	1	0	0	0	0	0	0	0	0	0	0	0	0	0	0	0	0.019
0.0670917	0.064989	0.058879	0.016661	0	0	0	1	0	0	0	0	0	0	0	0	0	0	0	0	0	0	0.017
0.0458403	0.044395	0.040195	0.011279	0	0	0	0	1	0	0	0	0	0	0	0	0	0	0	0	0	0	0.007
0.0452676	0.043838	0.039685	0.011114	0	0	0	0	0	1	0	0	0	0	0	0	0	0	0	0	0	0	0.009
0.0383054	0.037095	0.033579	0.009399	0	0	0	0	0	0	1	0	0	0	0	0	0	0	0	0	0	0	0.010
0.0340603	0.032984	0.029857	0.008356	0	0	0	0	0	0	0	1	0	0	0	0	0	0	0	0	0	0	0.009
0.0512876	0.049667	0.044959	0.012582	0	0	0	0	0	0	0	0	1	0	0	0	0	0	0	0	0	0	0.015
0.0377453	0.036553	0.033088	0.009259	0	0	0	0	0	0	0	0	0	1	0	0	0	0	0	0	0	0	0.011
0.014538	0.014079	0.012744	0.003566	0	0	0	0	0	0	0	0	0	0	1	0	0	0	0	0	0	0	0.009
0.0126726	0.012272	0.011109	0.003109	0	0	0	0	0	0	0	0	0	0	0	1	0	0	0	0	0	0	0.005
0.0110841	0.010734	0.009716	0.002719	0	0	0	0	0	0	0	0	0	0	0	0	1	0	0	0	0	0	0.003
0.0091408	0.008852	0.008013	0.002242	0	0	0	0	0	0	0	0	0	0	0	0	0	1	0	0	0	0	0.006
0.0076706	0.007428	0.006724	0.001882	0	0	0	0	0	0	0	0	0	0	0	0	0	0	1	0	0	0	0.004
0.0064372	0.006234	0.005643	0.001579	0	0	0	0	0	0	0	0	0	0	0	0	0	0	0	1	0	0	0.003
0.0055004	0.005327	0.004822	0.001349	0	0	0	0	0	0	0	0	0	0	0	0	0	0	0	0	1	0	0.002
0.0330803	0.032035	0.028998	0.008115	0	0	0	0	0	0	0	0	0	0	0	0	0	0	0	0	0	1	0.002

Efectuando resulta el producto $\bar{p}$ granulométrico en fracción retenida

$$\bar{p} = \begin{vmatrix} 0 \\ 0 \\ 0 \\ 0.3692 \\ 0.1098 \\ 0.1118 \\ 0.0572 \\ 0.0552 \\ 0.0336 \\ 0.0348 \\ 0.0316 \\ 0.0286 \\ 0.0444 \\ 0.0327 \\ 0.0169 \\ 0.0121 \\ 0.0095 \\ 0.0112 \\ 0.0086 \\ 0.0072 \\ 0.0051 \\ 0.0206 \end{vmatrix}$$

4.2.4.4 Aproximación del modelo matemático en Solver

Obtenido el producto granulométrico $\bar{p}$ (descarga de la chancadora N°1) en fracción retenida mediante el modelo matemático, también se facilita en fracción acumulado pasante. Mostrándose los valores comparativos muy próximos de parte de la data y el modelo matemático, según la Tabla 4.13.

Tabla 4.13: Distribución granulométrica de los productos comparativos

Mallas	dpi	Real Prod.F(x)	Modelo Prod.F(x)
1	126.363	1	1
2	100.803	1	1
3	71.279	1	1
4	38.100	0.633	0.631
5	21.997	0.521	0.521
6	15.554	0.431	0.409
7	10.839	0.357	0.352
8	7.664	0.319	0.297
9	5.462	0.279	0.263
10	3.954	0.253	0.228
11	2.803	0.213	0.197
12	1.975	0.178	0.168
13	1.173	0.127	0.124
14	0.589	0.094	0.091
15	0.352	0.072	0.074
16	0.250	0.059	0.062
17	0.176	0.047	0.053
18	0.124	0.033	0.041
19	0.088	0.019	0.033
20	0.063	0.009	0.026
21	0.045	0.004	0.021
22	0.019	0	0

Lecturas granulométricas que se ven reflejados en la siguiente Figura 4.8.

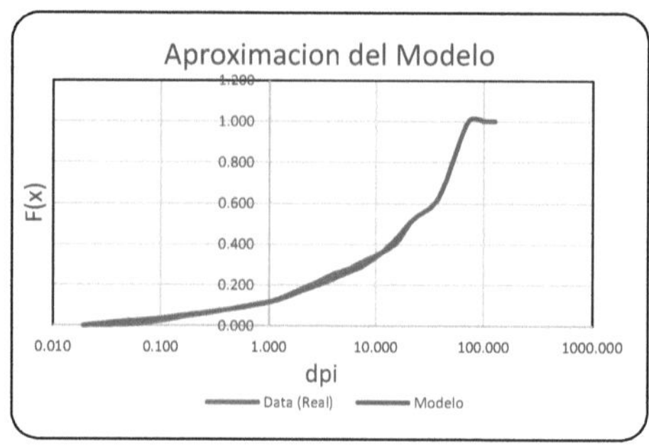

Figura 4.8: Aproximación del modelo. CH-1.

✓ **Interpretación:**

Se consiguió minimizar el error y llegar a establecer una aproximación del modelo matematico hacia la data, mediante el uso de solver-herramienta de excel.

4.2.4.5 Resultados y discusiones

Inicialmente se logra cierta tendencia del modelo hacia la data, manifestando un error inicial de 0.003349; precisamente por los valores asumidos en las funciones, de clasificación y fractura.

Seguidamente valiéndonos de Solver-Excel, que al ser aplicado al modelo matemático nos arroja un error mínimo de 0.001680023 (error de modelo). Propiciando el recalculo de los siete parámetros asumidos inicialmente.

$$k = 0.530964$$
$$n_1 = 0.460621$$
$$n_2 = 4.579849$$
$$\propto_1 = 0.999687$$
$$\propto_2 = 2.240025$$
$$n = 0.804153$$
$$d^* = 0$$

Además, se puede corroborar la consistencia que adquiere el modelo; pues la proximidad es tal que la curva correspondiente a la data y el modelo se confunden, mostrado en la Figura 4.8.

4.2.4.6 Concluciones

Podemos utilizar tal modelo como una herramienta complementaria para monitorear los avances continuos y con la data obtenida poder procesarla, llegando a definir y determinar el desempeño operativo del equipo (chancadora trituradora), en la etapa de chancado.

Chancadora N°3:

HP short

CSS: 12 mm

SSE:005757294

$$\bar{p} = (\bar{I} - \bar{C})\left(\bar{I} - \bar{b}.\bar{C}\right)^{-}.\bar{f}$$

4.2.5.1 Desempeño de la Chancadora N°3-HP short

De acuerdo al circuito de chancado el Over Size de la zaranda 3, corresponde al alimento de la chancadora en mención y su descarga al producto respectivo. La abertura de la chancadora CSS es 12 mm, además de su distribución granulométrica respectiva.

Tabla 4.14a: Distribución granulométrica de la chancadora - CH-3

	IT	Tamaño (mm)			Fraccion peso Ret.(real)	
		Maximo	Minimo	Promedio		
Mallas	Abertura mallas	Di-1	Di	dpi	Alimento: f(x)	Producto: f(x)
1	-5 1/2" + 4 1/2 "	139.7	114.3	126.3634	0	0
2	-4 1/2" + 3 1/2 "	114.3	88.9	100.8031	0	0
3	-3 1/2" + 2 1/4 "	88.9	57.15	71.27857	0	0
4	-2 1/4" + 1"	57.15	25.4	38.1	0.5545	0.0415
5	-1" + 3/4"	25.4	19.05	21.99705	0.0390	0.2803
6	-3/4" + 1/2"	19.05	12.7	15.55426	0.0471	0.3209
7	-1/2" + 3/8 "	12.7	9.25	10.83859	0.0201	0.0851
8	-3/8" + 1/4 "	9.25	6.35	7.664039	0.0131	0.0536
9	-1/4" +m 4	6.35	4.699	5.462477	0.0333	0.0374
10	-m4 +m 6	4.699	3.327	3.953931	0.0256	0.0287
11	-m6 +m 8	3.327	2.362	2.803279	0.0299	0.0186
12	-m8 +m 10	2.362	1.651	1.974756	0.0369	0.0165
13	-m10 +m 20	1.651	0.833	1.172725	0.0505	0.0249
14	-m20 +m 35	0.833	0.417	0.589373	0.0461	0.0174
15	-m35 +m 50	0.417	0.297	0.351922	0.0307	0.0147
16	-m50 +m 70	0.297	0.21	0.24974	0.0187	0.0092
17	-m70 +m 100	0.21	0.147	0.175699	0.0012	0.0076
18	-m100 +m 140	0.147	0.104	0.123645	0.0179	0.0108
19	-m140 +m 200	0.104	0.074	0.087727	0.0186	0.0057
20	-m200 +m 270	0.074	0.053	0.062626	0.0103	0.0091
21	-m270 +m400	0.053	0.038	0.044878	0.0022	0.0057
22	-m 400	0.038	0	0.019	0.0043	0.0123
				Suma:	1	1

Tabla 4.14a proviene de la Tabla 4.9a.

Se muestra los siete valores arbitrarios asumidos inicialmente, correspondientes a las funciones de clasificación y fractura en concordancia con sus rangos operativos.

Corresponde a la función Clasificación (2.1a): $K = 1$; $n_1 = 3.5$; $n_2 = 2$

Corresponde a la función fractura (2.2a): $\alpha_1 = 0$; $\alpha_2 = 3.3$; $n = 1$; $d^* = 0$

Conllevan a un error inicial de 0.021922

A continuación, se muestra en forma sintetizada la Tabla 4.14b con datos comparativos muy similares por la aplicación de Solver; consiguiendo siete parámetros óptimos y arrojando un error mínimo de 0.005757294. Error mínimo implica afinidad y la aproximación del modelo hacia la data

Tabla 4.14b: Distribución granulométrica comparativa de la Chancadora N°3

Fraccion peso Ret.(modelo) Producto: f(x)	Diferencia Absoluta (Gi-Hi)^2	(+Ac) Real Prod.G(x)	(+Ac) Modelo Prod.G(x)	(-Ac) Real Prod.F(x)	(-Ac) Modelo Prod.F(x)
0	0	0	0	1	1
0	0	0	0	1	1
0	0	0	0	1	1
0.0000	0.001720764	0.0415	0	0.9585	1
0.2649	0.000237538	0.3218	0.2649	0.6782	0.7351
0.3055	0.000237431	0.6427	0.5704	0.3573	0.4296
0.0714	0.000185293	0.7277	0.6418	0.2723	0.3582
0.0280	0.000655537	0.7814	0.6698	0.2186	0.3302
0.0361	1.70445E-06	0.8188	0.7059	0.1812	0.2941
0.0265	4.99448E-06	0.8475	0.7324	0.1525	0.2676
0.0301	0.0001338	0.8661	0.7626	0.1339	0.2374
0.0369	0.000417798	0.8825	0.7995	0.1175	0.2005
0.0506	0.000656422	0.9075	0.8500	0.0925	0.1500
0.0461	0.000825911	0.9249	0.8962	0.0751	0.1038
0.0307	0.000254059	0.9396	0.9268	0.0604	0.0732
0.0187	8.98471E-05	0.9488	0.9455	0.0512	0.0545
0.0012	4.08908E-05	0.9564	0.9467	0.0436	0.0533
0.0179	5.08776E-05	0.9672	0.9647	0.0328	0.0353
0.0186	0.000166396	0.9729	0.9833	0.0271	0.0167
0.0103	1.33086E-06	0.9820	0.9935	0.0180	0.0065
0.0022	1.21109E-05	0.9877	0.9957	0.0123	0.0043
0.0043	6.45893E-05	1	1	0	0
1	0.005757294				

4.4.5.2 Funciones matriciales afines al modelo matemático.

Constituimos las funciones de Clasificación, Fractura y el Producto granulométrico, que mediante solver ya fue optimizado.

4.2.5.2a) Función Clasificación. Ci

Se muestran valores de los cuatro parámetros óptimos de la función en mención (2.1a), limitados por sus respectivas restricciones.

<table>
<tr><td>Valores óptimos</td><td></td><td>Restricciones</td></tr>
<tr><td>$\alpha_1 =$</td><td>1</td><td>$0 \leq \alpha_1 \leq 1$</td></tr>
<tr><td>$\alpha_2 =$</td><td>1.9</td><td>$0.1 \leq \alpha_2 \leq 10$</td></tr>
<tr><td>$n =$</td><td>0.2</td><td>$0.1 \leq n \leq 10$</td></tr>
<tr><td>$d^* =$</td><td>0</td><td>$d^* \geq 0$</td></tr>
</table>

Luego considerando:

- La función (2.1a),
- Los tamaños promedios de las aberturas granulométricas (dpi) de la Tabla 4.14a.

También:

$$d_1 = \alpha_1. CSS \quad ; \quad d_1 = 11.62114$$
$$d_2 = \alpha_2. CSS + d^* \quad ; \quad d_2 = 38.74478$$

Ya se obtiene la función $\overline{C} = Diag(C_i)$

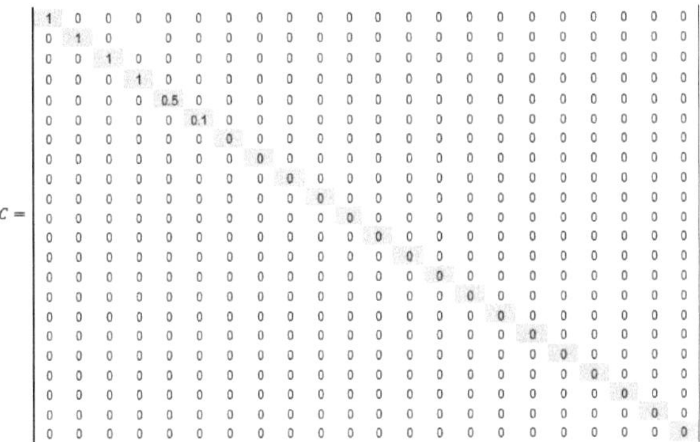

A continuación, la distribución granulométrica se muestra en la siguiente Tabla 4.15

Tabla 4.15: Distribución granulométrica de la función Clasificación. CH-3

Mallas	dpi	Ci
1	126.363	1
2	100.803	1
3	71.279	1
4	38.100	1
5	21.997	0.524031
6	15.554	0.064864
7	10.839	0
8	7.664	0
9	5.462	0
10	3.954	0
11	2.803	0
12	1.975	0
13	1.173	0
14	0.589	0
15	0.352	0
16	0.250	0
17	0.176	0
18	0.124	0
19	0.088	0
20	0.063	0
21	0.045	0
22	0.019	0

Seguidamente, su grafica se ve reflejada en la Figura 4.9.

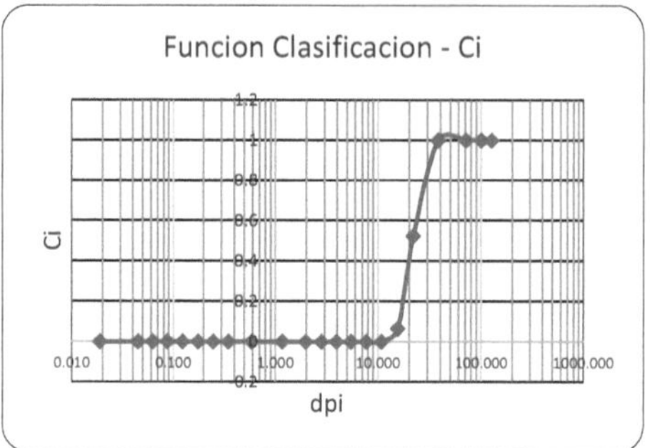

Figura 4.9: Función Clasificación. CH-3.

> **Interpretación:**

La abertura de la chancadora es 12mm y luego del proceso de chancado vemos
(según Tabla 4.15), que las partículas menores a 10.839mm pasaron y fueron a la
descarga normalmente. Sin embargo, "2" tamaños promedios de partículas
(15.554mm y 21.997mm), con cierta probabilidad de haber sido fragmentado. Y
"4" tamaños (38.100mm,71.279mm,100.803mm y 126.363mm); que
inevitablemente tuvieron que ser fragmentados. (corroborado según la Figura 4.9).

4.2.5.2b) Función Fractura Acumulada. B(x,y)

Se muestra a continuación los tres valores óptimos de la Función Fractura (2.2a) y
sus respectivas restricciones.

	Valores óptimos	**Restricciones**
$k =$	1	$0 \leq k \leq 1$
$n_1 =$	4.287824	$0 \leq n_1 \leq 10$
$n_2 =$	2.339005	$0 \leq n_2 \leq 10$

Luego considerando:

- La función (2.2a)

71

- El tamaño promedio (dpi) y su tamaño mínimo Di, de la Tabla 4.14a.

Ya se obtiene la función B(x,y) mostrada en la Tabla 4.16. ANEXO 4.

Seguidamente su gráfica se ve reflejada en la siguiente Figura 4.10.

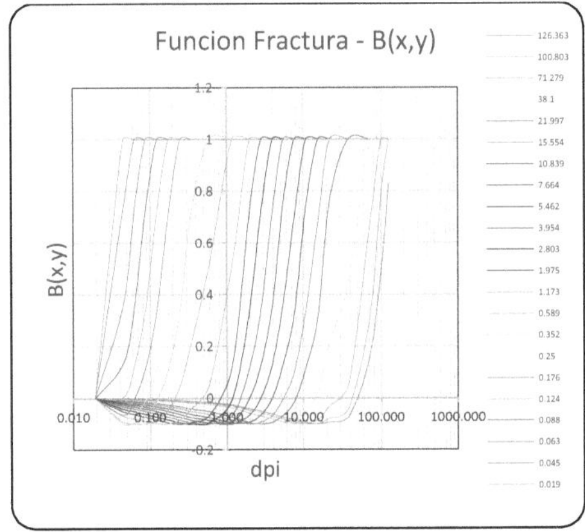

Figura 4.10: Función Fractura Acumulada. CH-3.

> **Interpretación:**

Los eventos continuos y constantes en el chancado por efecto de fuerzas de compresión principalmente, generan fragmentos de partículas cada vez menores y simultáneamente se produce la distribución de las mismas en una gama de intervalo de tamaños en forma descendente.

4.2.5.2c) Función Fractura Fraccionada. $\overline{b}$

En forma sintetizada, se presenta la función fractura fraccionada. (2.3b).

72

$\bar{b} =$

0.3406183	0	0	0	0	0	0	0	0	0	0	0	0	0	0	0	0	0	0	0	0	0
0.4270433	0.406403	0	0	0	0	0	0	0	0	0	0	0	0	0	0	0	0	0	0	0	0
0.1952123	0.498745	0.600259	0	0	0	0	0	0	0	0	0	0	0	0	0	0	0	0	0	0	0
0.035844	0.091577	0.385937	0.814171	0	0	0	0	0	0	0	0	0	0	0	0	0	0	0	0	0	0
0.0008936	0.002283	0.009622	0.129525	0.449555	0	0	0	0	0	0	0	0	0	0	0	0	0	0	0	0	0
0.0003163	0.000808	0.003405	0.045841	0.448156	0.568921	0	0	0	0	0	0	0	0	0	0	0	0	0	0	0	0
5.282E-05	0.000135	0.000569	0.007656	0.074845	0.315421	0.5	0	0	0	0	0	0	0	0	0	0	0	0	0	0	0
1.53E-05	3.91E-05	0.000165	0.002218	0.021685	0.091386	0.4	1	0	0	0	0	0	0	0	0	0	0	0	0	0	0
2.9E-06	7.41E-06	3.12E-05	0.00042	0.004109	0.017316	0.1	0	0.5	0	0	0	0	0	0	0	0	0	0	0	0	0
8.869E-07	2.27E-06	9.55E-06	0.000129	0.001257	0.005296	0	0	0.4	0.5	0	0	0	0	0	0	0	0	0	0	0	0
2.108E-07	5.39E-07	2.27E-06	3.06E-05	0.000299	0.001259	0	0	0.1	0.4	0.5	0	0	0	0	0	0	0	0	0	0	0
5.188E-08	1.33E-07	5.59E-07	7.52E-06	7.35E-05	0.00031	0	0	0	0.1	0.4	0.5	0	0	0	0	0	0	0	0	0	0
1.428E-08	3.65E-08	1.54E-07	2.07E-06	2.02E-05	8.53E-05	0	0	0	0	0.1	0.4	0.8	0	0	0	0	0	0	0	0	0
8.362E-10	2.14E-09	9E-09	1.21E-07	1.18E-06	4.99E-06	0	0	0	0	0	0	0.2	0.8	0	0	0	0	0	0	0	0
3.789E-11	9.68E-11	4.08E-10	5.49E-09	5.37E-08	2.26E-07	0	0	0	0	0	0	0	0.2	0.5	0	0	0	0	0	0	0
9.354E-12	2.39E-11	1.01E-10	1.36E-09	1.33E-08	5.59E-08	0	0	0	0	0	0	0	0	0.4	0.5	0	0	0	0	0	0
2.247E-12	5.74E-12	2.42E-11	3.26E-10	3.18E-09	1.34E-08	0	0	0	0	0	0	0	0	0.1	0.4	0.5	0	0	0	0	0
5.046E-13	1.29E-12	5.43E-12	7.31E-11	7.15E-10	3.01E-09	0	0	0	0	0	0	0	0	0	0.1	0.4	0.5	0	0	0	0
1.191E-13	3.04E-13	1.28E-12	1.73E-11	1.69E-10	7.11E-10	0	0	0	0	0	0	0	0	0	0	0.1	0.4	0.5	0	0	0
2.875E-14	7.34E-14	3.1E-13	4.17E-12	4.07E-11	1.72E-10	0	0	0	0	0	0	0	0	0	0	0	0.1	0.4	0.5	0	0
7.105E-15	1.84E-14	7.73E-14	1.04E-12	1.02E-11	4.29E-11	0	0	0	0	0	0	0	0	0	0	0	0	0.1	0.4	0.5	0
2.442E-15	6.11E-15	2.6E-14	3.49E-13	3.42E-12	1.44E-11	0	0	0	0	0	0	0	0	0	0	0	0	0	0.1	0.5	1

> **Interpretación:**

Cada columna representa un tamaño promedio en forma descendente de los "22" registrados; además cada una de las mismas también representan las fracciones retenidas y en suma representan la unidad.

4.2.5.3 Modelamiento matemático aplicado en la etapa de chancado

Función proceso $\bar{x}$ que involucra a dos funciones ya antes mencionadas; que al accionar generan y simulan el proceso de chancado.

$\bar{x} =$

0	0	0	0	0	0	0	0	0	0	0	0	0	0	0	0	0	0	0	0	0	0
0	0	0	0	0	0	0	0	0	0	0	0	0	0	0	0	0	0	0	0	0	0
0	0	0	0	0	0	0	0	0	0	0	0	0	0	0	0	0	0	0	0	0	0
0	0	0	0	0	0	0	0	0	0	0	0	0	0	0	0	0	0	0	0	0	0
0.4339965	0.433997	0.433997	0.433997	0.622655	0	0	0	0	0	0	0	0	0	0	0	0	0	0	0	0	0
0.4474444	0.447444	0.447444	0.447444	0.298304	0.970967	0	0	0	0	0	0	0	0	0	0	0	0	0	0	0	0
0.0867498	0.08675	0.08675	0.08675	0.057835	0.021243	1	0	0	0	0	0	0	0	0	0	0	0	0	0	0	0
0.0251339	0.025134	0.025134	0.025134	0.016756	0.006155	0	1	0	0	0	0	0	0	0	0	0	0	0	0	0	0
0.0047624	0.004762	0.004762	0.004762	0.003175	0.001166	0	0	1	0	0	0	0	0	0	0	0	0	0	0	0	0
0.0014566	0.001457	0.001457	0.001457	0.000971	0.000357	0	0	0	1	0	0	0	0	0	0	0	0	0	0	0	0
0.0003463	0.000346	0.000346	0.000346	0.000231	8.48E-05	0	0	0	0	1	0	0	0	0	0	0	0	0	0	0	0
8.52E-05	8.52E-05	8.52E-05	8.52E-05	5.68E-05	2.09E-05	0	0	0	0	0	1	0	0	0	0	0	0	0	0	0	0
2.345E-05	2.34E-05	2.34E-05	2.34E-05	1.56E-05	5.74E-06	0	0	0	0	0	0	1	0	0	0	0	0	0	0	0	0
1.373E-06	1.37E-06	1.37E-06	1.37E-06	9.16E-07	3.36E-07	0	0	0	0	0	0	0	1	0	0	0	0	0	0	0	0
6.224E-08	6.22E-08	6.22E-08	6.22E-08	4.15E-08	1.52E-08	0	0	0	0	0	0	0	0	1	0	0	0	0	0	0	0
1.536E-08	1.54E-08	1.54E-08	1.54E-08	1.02E-08	3.76E-09	0	0	0	0	0	0	0	0	0	1	0	0	0	0	0	0
3.691E-09	3.69E-09	3.69E-09	3.69E-09	2.46E-09	9.04E-10	0	0	0	0	0	0	0	0	0	0	1	0	0	0	0	0
8.287E-10	8.29E-10	8.29E-10	8.29E-10	5.52E-10	2.03E-10	0	0	0	0	0	0	0	0	0	0	0	1	0	0	0	0
1.956E-10	1.96E-10	1.96E-10	1.96E-10	1.3E-10	4.79E-11	0	0	0	0	0	0	0	0	0	0	0	0	1	0	0	0
4.721E-11	4.72E-11	4.72E-11	4.72E-11	3.15E-11	1.16E-11	0	0	0	0	0	0	0	0	0	0	0	0	0	1	0	0
1.18E-11	1.18E-11	1.18E-11	1.18E-11	7.86E-12	2.89E-12	0	0	0	0	0	0	0	0	0	0	0	0	0	0	1	0
3.96E-12	3.96E-12	3.96E-12	3.96E-12	2.64E-12	9.7E-13	0	0	0	0	0	0	0	0	0	0	0	0	0	0	0	1

Producto matricial: $\bar{p} = \bar{X}\,\bar{f}$. (2.1), donde:

- $\bar{p}$: *producto granulometrico*
- $\bar{x}$: matriz de proceso (hallado)
- $\bar{f}$: alimento granulométrico (data).

The matrix $\bar{p}$ (product showing the breakage matrix, identity block and the result vector):

$\bar{p} =$

c1	c2	c3	c4	c5	c6	1	2	3	4	5	6	7	8	9	10	11	12	13	14	15	=
0	0	0	0	0	0	0	0	0	0	0	0	0	0	0	0	0	0	0	0	0	0
0	0	0	0	0	0	0	0	0	0	0	0	0	0	0	0	0	0	0	0	0	0
0	0	0	0	0	0	0	0	0	0	0	0	0	0	0	0	0	0	0	0	0	0
0	0	0	0	0	0	0	0	0	0	0	0	0	0	0	0	0	0	0	0	0	0.5545
0.4339965	0.433997	0.433997	0.433997	0.622655	0	0	0	0	0	0	0	0	0	0	0	0	0	0	0	0	0.0390
0.4474444	0.447444	0.447444	0.447444	0.298304	0.970967	0	0	0	0	0	0	0	0	0	0	0	0	0	0	0	0.0471
0.0867498	0.08675	0.08675	0.08675	0.057835	0.021243	0	0	0	0	0	0	0	0	0	0	0	0	0	0	0	0.0201
0.0251339	0.025134	0.025134	0.025134	0.016756	0.006155	1	0	0	0	0	0	0	0	0	0	0	0	0	0	0	0.0131
0.0047624	0.004762	0.004762	0.004762	0.003175	0.001166	0	1	0	0	0	0	0	0	0	0	0	0	0	0	0	0.0333
0.0014566	0.001457	0.001457	0.001457	0.000971	0.000357	0	0	1	0	0	0	0	0	0	0	0	0	0	0	0	0.0256
0.0003463	0.000346	0.000346	0.000346	0.000231	8.48E-05	0	0	0	1	0	0	0	0	0	0	0	0	0	0	0	0.0299
8.52E-05	8.52E-05	8.52E-05	8.52E-05	5.68E-05	2.09E-05	0	0	0	0	1	0	0	0	0	0	0	0	0	0	0	0.0369
2.345E-05	2.34E-05	2.34E-05	2.34E-05	1.56E-05	5.74E-06	0	0	0	0	0	1	0	0	0	0	0	0	0	0	0	0.0505
1.373E-06	1.37E-06	1.37E-06	1.37E-06	9.16E-07	3.36E-07	0	0	0	0	0	0	1	0	0	0	0	0	0	0	0	0.0461
6.224E-08	6.22E-08	6.22E-08	6.22E-08	4.15E-08	1.52E-08	0	0	0	0	0	0	0	1	0	0	0	0	0	0	0	0.0307
1.536E-08	1.54E-08	1.54E-08	1.54E-08	1.02E-08	3.76E-09	0	0	0	0	0	0	0	0	1	0	0	0	0	0	0	0.0187
3.691E-09	3.69E-09	3.69E-09	3.69E-09	2.46E-09	9.04E-10	0	0	0	0	0	0	0	0	0	1	0	0	0	0	0	0.0012
8.287E-10	8.29E-10	8.29E-10	8.29E-10	5.52E-10	2.03E-10	0	0	0	0	0	0	0	0	0	0	1	0	0	0	0	0.0179
1.956E-10	1.96E-10	1.96E-10	1.96E-10	1.3E-10	4.79E-11	0	0	0	0	0	0	0	0	0	0	0	1	0	0	0	0.0186
4.721E-11	4.72E-11	4.72E-11	4.72E-11	3.15E-11	1.16E-11	0	0	0	0	0	0	0	0	0	0	0	0	1	0	0	0.0103
1.18E-11	1.18E-11	1.18E-11	1.18E-11	7.86E-12	2.89E-12	0	0	0	0	0	0	0	0	0	0	0	0	0	1	0	0.0022
3.96E-12	3.96E-12	3.96E-12	3.96E-12	2.64E-12	9.7E-13	0	0	0	0	0	0	0	0	0	0	0	0	0	0	1	0.0043

Al efectuar el producto matricial.

$\bar{p} =$

0.0000
0.0000
0.0000
0.0415
0.2820
0.3192
0.0900
0.0496
0.0410
0.0217
0.0191
0.0227
0.0238
0.0248
0.0226
0.0120
-0.0043
0.0137
0.0153
0.0077
0.0002
-0.0024

Se obtiene el producto $\bar{p}$ manifestando la descarga de la chancadora N°3 con su distribución granulométrica en la modalidad de fracción retenida.

4.2.5.4 Aproximación del modelo matemático en Solver

Los productos granulométricos comparativos entre la data (real) y el modelo matemático expresados en fracción de material acumulado pasante, revelan lecturas muy próximas referido a la descarga de la Chancadora 3.

Tabla 4.17 Distribución granulométrica de los productos comparativos. CH-3

Mallas	dpi	Real Prod.F(x)	Modelo Prod.F(x)
1	126.363	1	1
2	100.803	1	1
3	71.279	1	1
4	38.100	0.9585	0.9585
5	21.997	0.6782	0.6766
6	15.554	0.3573	0.3574
7	10.839	0.2723	0.2674
8	7.664	0.2186	0.2178
9	5.462	0.1812	0.1769
10	3.954	0.1525	0.1552
11	2.803	0.1339	0.1361
12	1.975	0.1175	0.1135
13	1.173	0.0925	0.0897
14	0.589	0.0751	0.0649
15	0.352	0.0604	0.0422
16	0.250	0.0512	0.0302
17	0.176	0.0436	0.0345
18	0.124	0.0328	0.0208
19	0.088	0.0271	0.0055
20	0.063	0.0180	-0.0022
21	0.045	0.0123	-0.0024
22	0.019	0	0

Las lecturas de la Tabla 4.17 se verá reflejado en la siguiente Figura 4.11.

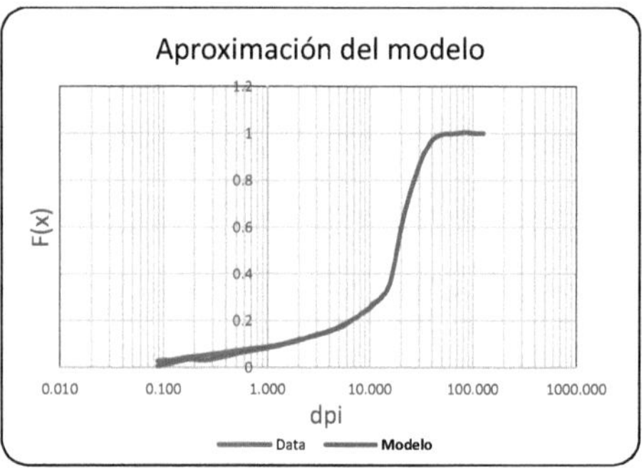

Figura 4.11. Aproximación del modelo. CH-3.

✓ **Interpretación:**

Se puede visualizar que las dos graficas o curvas de la data y el modelo se confunden, puesto que el error es el mínimo posible asegurando que el modelo es el fiel reflejo de lo real; por lo tanto, suele representarlo para fines operativos.

4.2.5.5 Resultados y discusiones

En primera instancia se obtiene un error relativo de 0.021922312 y una cierta tendencia en la distribución granulométrica del modelo matemático hacia la data; precisamente al involucrar los siete parámetros asumidos inicialmente.

Luego se logra minimizar el error contraído en 0.005758688 (error de modelo) y reflejando su aproximación del modelo hacia la data, visualizado en la Figura 4.11. Posibilitando tal acción Solver-Excel al identificar y mostrar los siguientes valores óptimos.

$$K = 1$$
$$n_1 = 4.287824$$
$$n_2 = 2.339005$$
$$\alpha_1 = 1$$
$$\alpha_2 = 1.9$$
$$n = 0.2$$
$$d^* = 0$$

4.2.5.6 Concluciones

El modelamiento matemático es una herramienta tan importante que nos permite predecir, anticipar resultados(simular) y llegar a establecer el rango operativo de la chancadora (optimizar); mejorando el proceso de chancado.

Molienda batch

Molino de Bolas

---

laboratorio

$$\bar{m}(t) = \bar{T}.\bar{A}.\bar{T}^{-}.\bar{m}(0)$$

4.3.0 Procedimiento hacia el modelamiento matemático

Obtenido la distribución granulométrica de cierto mineral, en variados tiempos de
molienda:

t(min)	0	t1	t2	t3	. . . . .	t12
molienda	m(0)	m(t1)	m(t2)	m(t3)		m(t12)
	-	-	-	-		-
	-	-	-	-		-
	.	.	.	.		.

Se constituye las funciones de Selección y Fractura, asumiendo los siete valores
arbitrarios dentro de su rango establecido e insertando un tiempo destinado t_n de
molienda, en la siguiente relación (3.8):

$$\bar{m}(t_n) = \bar{X}_{t_n} \cdot m(0)$$

Se obtiene la distribución granulométrica $\bar{m}(t_n)$, durante el tiempo t_n de
molienda; observándose cierta tendencia de la granulométrico generado por el
modelo hacia la data y arrojando un error comparativo inicial.

Luego tratando de minimizar el error ya contraído mediante Solver- herramienta
de Excel; se logra la aproximación de la reciente granulometría generada del

modelo hacia la data. Arrojando un error mínimo (error de modelo), a su vez se obtiene el recalculo de los siete valores asumidos inicialmente.

4.3.1 Distribución granulométrica.

Distribución granulométrica de una serie de muestras, en función del tiempo de molienda, reportado de laboratorio según la Tabla 4.18.

Tabla 4.18. Distribución Granulométrica-Datos Experimentales.

I.T	Malla	Tamaño(micrones)		Tiempo de Molienda(minutos)						
		Maximo	Minimo	0	0.5	1	3	7	15	30
1	10/14	2000	1410	0.1310	0.0671	0.0528	0.0176	0.0015	0.0000	0.0001
2	14/20	1410	841	0.2300	0.1450	0.1090	0.0316	0.0032	0.0001	0.0002
3	20/30	841	595	0.0959	0.0830	0.0639	0.0153	0.0016	0.0000	0.0002
4	30/40	595	420	0.0920	0.0997	0.0903	0.0265	0.0023	0.0000	0.0004
5	40/50	420	297	0.0627	0.0800	0.0828	0.0432	0.0038	0.0002	0.0005
6	50/70	297	210	0.0690	0.0936	0.1060	0.1010	0.0194	0.0008	0.0006
7	70/100	210	150	0.0451	0.0645	0.0760	0.1050	0.0498	0.0024	0.0005
8	100/150	150	104	0.0496	0.0677	0.0805	0.1350	0.1320	0.0238	0.0019
9	150/200	104	74	0.0329	0.0452	0.0528	0.0936	0.1390	0.0805	0.0102
10	200/270	74	53	0.0325	0.0451	0.0561	0.0943	0.1480	0.1690	0.0722
11	270/400	53	38	0.0179	0.0277	0.0322	0.0515	0.0755	0.1190	0.1060
12	0	38	0	0.1420	0.1810	0.1980	0.2850	0.4210	0.6040	0.8070
			SUMA:	1.0006	0.9996	1.0004	0.9996	0.9971	0.9998	0.9998

De acuerdo a la cantidad de mallas requeridas en la distribución granulométrica de las pruebas experimentales; quedará definido el tamaño matricial de las funciones que intervienen en el modelamiento matemático; es decir para "n" igual a doce.

4.3.2 Funciones matriciales afines al modelamiento matemático.

Modelamiento matemático (3.7): $\bar{m}(t) = \bar{T}.\bar{A}.\bar{T}^{-}.\bar{m}(0)$.

Y en forma sintetizada (3.8): $\bar{m}(t) = \bar{X}.\bar{m}(0)$.

Denominado $\bar{X}$ matriz de proceso.

Con el reporte de la Tabla 4.18 y los valores asumibles arbitrariamente de las funciones (selección y fractura); recién se procede a constituirlas incluyendo también las matrices afines al modelo.

4.3.2.1 Matriz: $\bar{m}(0)$.

Considera la distribución granulométrica inicial de los datos experimentales, denominado matriz columna $\bar{m}(0)$; lectura obtenida de la Tabla 4.18.

$$\bar{m}_{(0)} = \begin{vmatrix} 0.1310 \\ 0.2300 \\ 0.0959 \\ 0.0920 \\ 0.0627 \\ 0.0690 \\ 0.0451 \\ 0.0496 \\ 0.0329 \\ 0.0325 \\ 0.0179 \\ 0.1420 \end{vmatrix}$$

4.3.2.2 Función Selección: $\bar{S}$

Función Selección que proviene de la relación (3.1a) e involucra a cuatro variables o parámetros que serán asumidos, dentro de su rango establecido.

$$S_{(x)} = \frac{ax^{\propto}}{1 + \left(\dfrac{x}{X_0}\right)^{\Omega}}$$

Valores asumidos	Restricciones
$a = 1$	$0 \leq a \leq 1$
$\propto = 1$	$0.1 \leq \propto \leq 10$
$\Omega = 3.5$	$0.1 \leq \Omega \leq 10$
$x_0 = 0.705$	$x_0 \geq 0$

Además:

x : Tamaño de abertura mínima en granulometría. Tabla 4.18

Su expresión matricial resulta.

$$\bar{S} = \begin{vmatrix}
3.9\text{E-}09 & 0 & 0 & 0 & 0 & 0 & 0 & 0 & 0 & 0 & 0 & 0 \\
0 & 1.43\text{E-}08 & 0 & 0 & 0 & 0 & 0 & 0 & 0 & 0 & 0 & 0 \\
0 & 0 & 3.41\text{E-}08 & 0 & 0 & 0 & 0 & 0 & 0 & 0 & 0 & 0 \\
0 & 0 & 0 & 8.14\text{E-}08 & 0 & 0 & 0 & 0 & 0 & 0 & 0 & 0 \\
0 & 0 & 0 & 0 & 1.94\text{E-}07 & 0 & 0 & 0 & 0 & 0 & 0 & 0 \\
0 & 0 & 0 & 0 & 0 & 4.6\text{E-}07 & 0 & 0 & 0 & 0 & 0 & 0 \\
0 & 0 & 0 & 0 & 0 & 0 & 1.07\text{E-}06 & 0 & 0 & 0 & 0 & 0 \\
0 & 0 & 0 & 0 & 0 & 0 & 0 & 2.7\text{E-}06 & 0 & 0 & 0 & 0 \\
0 & 0 & 0 & 0 & 0 & 0 & 0 & 0 & 6.2\text{E-}06 & 0 & 0 & 0 \\
0 & 0 & 0 & 0 & 0 & 0 & 0 & 0 & 0 & 1.44\text{E-}05 & 0 & 0 \\
0 & 0 & 0 & 0 & 0 & 0 & 0 & 0 & 0 & 0 & 3.31\text{E-}05 & 0 \\
0 & 0 & 0 & 0 & 0 & 0 & 0 & 0 & 0 & 0 & 0 & 0
\end{vmatrix}$$

Además:

- S_i: S_1, S_2, S_3, ... S_{11}, S_{12}

Donde:

$S_1 = 3.94\text{E-}09$; $S_2 = 1.43\text{E-}08$; $S_3 = 3.41\text{E-}08$; ... $S_{11} = 3.31\text{E-}05$; $S_{12} = 0$

Habituando la distribución granulometría en la Función Selección. (Tabla 4.19)

Tabla. 4.19. Granulometría en la Función Selección

(dpi)	Si (1/min)
1.679285562	0.114506527
1.088949035	0.294667818
0.707386033	0.383310855
0.49989999	0.361074016
0.353185504	0.283254441
0.249739865	0.207013895
0.177482393	0.149336527
0.12489996	0.103871928
0.087726849	0.073972285
0.062625873	0.052993827
0.044877611	0.037998619
0.019	0

Lo mencionado se ve reflejado en la siguiente Figura 4.12

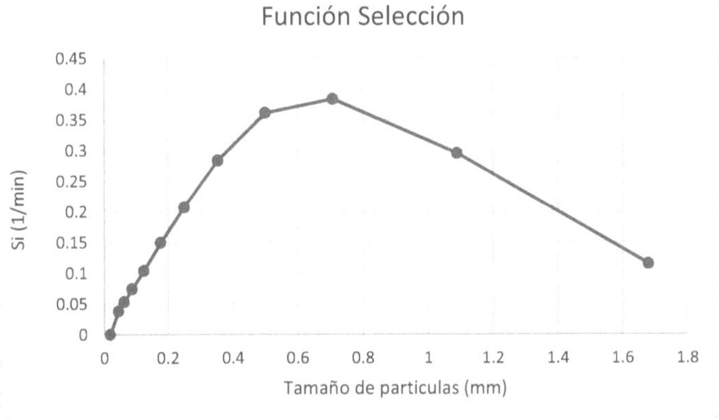

Figura 4.12. Tasa especifica de quiebra

> **Interpretación**

Las partículas con tamaños entre 0.4998 mm (malla 2) y 0.3611 mm (malla 4); tienen una mayor cinética de reducción; es decir partículas correspondientes entre las mallas 2 y malla 4 tendrán una mayor cinética de reducción de tamaño.

4.3.2.3 Función Fractura Acumulada: $\bar{B}$

Función Fractura Acumulada que proviene de la relación (2.2a), con sus tres valores que serán asumidos dentro de su rango establecido.

$$
\begin{array}{cc}
\text{Valores asumidos} & \text{Restricciones} \\
k = 0.5 & 0 \leq k \leq 1 \\
n_1 = 1 & 0 \leq n_1 \leq 10 \\
n_2 = 4 & 0 \leq n_2 \leq 10
\end{array}
$$

Su expresión matricial resulta.

$$\bar{B}=\begin{vmatrix}
0.66833 & 1 & 1 & 1 & 1 & 1 & 1 & 1 & 1 & 1 & 1 & 1 \\
0.28186 & 0.56403 & 1 & 1 & 1 & 1 & 1 & 1 & 1 & 1 & 1 & 1 \\
0.18504 & 0.31777 & 0.67083 & 1 & 1 & 1 & 1 & 1 & 1 & 1 & 1 & 1 \\
0.12701 & 0.20391 & 0.35900 & 0.66922 & 1 & 1 & 1 & 1 & 1 & 1 & 1 & 1 \\
0.08892 & 0.13914 & 0.22546 & 0.35936 & 0.67048 & 1 & 1 & 1 & 1 & 1 & 1 & 1 \\
0.06265 & 0.09711 & 0.15232 & 0.22561 & 0.35979 & 0.67041 & 1 & 1 & 1 & 1 & 1 & 1 \\
0.04469 & 0.06905 & 0.10704 & 0.15408 & 0.22862 & 0.36538 & 0.67768 & 1 & 1 & 1 & 1 & 1 \\
0.03097 & 0.04779 & 0.07374 & 0.10496 & 0.15099 & 0.22325 & 0.35194 & 0.65669 & 1 & 1 & 1 & 1 \\
0.02204 & 0.03399 & 0.05237 & 0.07425 & 0.10572 & 0.15201 & 0.22358 & 0.35785 & 0.67491 & 1 & 1 & 1 \\
0.01578 & 0.02434 & 0.03748 & 0.05307 & 0.07528 & 0.10712 & 0.15329 & 0.22838 & 0.36868 & 0.67963 & 1 & 1 \\
0.01131 & 0.01745 & 0.02686 & 0.03802 & 0.05386 & 0.07635 & 0.10810 & 0.15641 & 0.23418 & 0.37117 & 0.68040 & 1 \\
0 & 0 & 0 & 0 & 0 & 0 & 0 & 0 & 0 & 0 & 0 & 0
\end{vmatrix}$$

4.3.2.4 Función Fractura Fraccionada: $\bar{b} = \bar{R}^-.(\overline{ONES} - \bar{B})$.

Función Fractura Fraccionada que es dependiente básicamente de la función $\bar{B}$, proveniente de la relación (2.3b). Con su expresión matricial siguiente mostrado a continuación.

$$\bar{b}=\begin{vmatrix}
0.33167 & 0 & 0 & 0 & 0 & 0 & 0 & 0 & 0 & 0 & 0 & 0 \\
0.38648 & 0.43597 & 0 & 0 & 0 & 0 & 0 & 0 & 0 & 0 & 0 & 0 \\
0.09682 & 0.24627 & 0.32917 & 0 & 0 & 0 & 0 & 0 & 0 & 0 & 0 & 0 \\
0.05803 & 0.11385 & 0.31183 & 0.33078 & 0 & 0 & 0 & 0 & 0 & 0 & 0 & 0 \\
0.03809 & 0.06477 & 0.13354 & 0.30986 & 0.32952 & 0 & 0 & 0 & 0 & 0 & 0 & 0 \\
0.02627 & 0.04202 & 0.07315 & 0.13374 & 0.31070 & 0.32959 & 0 & 0 & 0 & 0 & 0 & 0 \\
0.01796 & 0.02806 & 0.04528 & 0.07153 & 0.13117 & 0.30503 & 0.32232 & 0 & 0 & 0 & 0 & 0 \\
0.01372 & 0.02126 & 0.03329 & 0.04913 & 0.07763 & 0.14213 & 0.32574 & 0.34331 & 0 & 0 & 0 & 0 \\
0.00894 & 0.01381 & 0.02138 & 0.03070 & 0.04527 & 0.07124 & 0.12835 & 0.29884 & 0.32509 & 0 & 0 & 0 \\
0.00625 & 0.00965 & 0.01489 & 0.02118 & 0.03044 & 0.04488 & 0.07030 & 0.12947 & 0.30622 & 0.32037 & 0 & 0 \\
0.00447 & 0.00689 & 0.01061 & 0.01505 & 0.02142 & 0.03078 & 0.04518 & 0.07198 & 0.13450 & 0.30846 & 0.31960 & 0 \\
0.01131 & 0.01745 & 0.02686 & 0.03802 & 0.05386 & 0.07635 & 0.10810 & 0.15641 & 0.23418 & 0.37117 & 0.68040 & 1
\end{vmatrix}$$

4.3.2.5 Matriz de Proceso: $\bar{X}$

Matriz que depende básicamente de las funciones $\bar{S}$ y $\bar{b}$ respectivamente, además representado con la relación matricial siguiente. (3.9). **ANEXO 5.**

$$\bar{X} = \bar{T}.\bar{A}.\bar{T}^-$$

Donde:

- $\bar{T}$: matriz cuadrada constituida por $\bar{T}_i$ matrices columna.

$$\bar{T}_i = \left[(\bar{\bar{b}} - \bar{I}).\bar{S} + S_i.\bar{I} + \bar{J}_i\right]^-.\Psi_i$$

También:

$\bar{b}$: función fractura fraccionada.

$\bar{I}$: matriz identidad.

$\bar{S}$: función selección.

S_i: elemento o componente de la función selección.

Además:

$$\bar{\Psi}_i : \begin{vmatrix} 1 & ; & i = k \\ 0 & ; & i \neq k \end{vmatrix}$$

$$\bar{J}_i = Diag.\,(\overline{\Psi_i})$$

- $\bar{A} = Diag.\,(e^{-S_i.t})$

Seguidamente, insertando 15 minutos de molienda en la matriz "A" y por ende a la matriz "X", se muestra a continuación.

$$\bar{\bar{X}} =$$

1	0.00	0.00	0.00	0.00	0.00	0.00	0.00	0.00	0.00	0	0
5.728E-08	0.9999998	0.00	0.00	0.00	0.00	0.00	0.00	0.00	0.00	0	0
-4.98E-09	1.228E-07	1.00	0.00	0.00	0.00	0.00	0.00	0.00	0.00	0	0
8.642E-09	-1.99E-09	3.697E-07	1.00	0.00	0.00	0.00	0.00	0.00	0.00	0.00	0
4.614E-10	2.809E-08	-1.47E-08	8.769E-07	1.00	0.00	0.00	0.00	0.00	0.00	0.00	0
2.677E-09	4.863E-09	7.996E-08	-3.36E-08	2.091E-06	1.00	0.00	0.00	0.00	0.00	0.00	0
8.033E-10	9.149E-09	9.148E-09	1.872E-07	-9.65E-08	4.861E-06	1.00	0.00	0.00	0.00	0.00	0
1.138E-09	4.403E-09	2.746E-08	3.03E-08	4.812E-07	-7.54E-08	1.22E-05	1.00	0.00	0.00	0.00	0
5.102E-10	3.706E-09	8.958E-09	5.789E-08	5.019E-08	1.014E-06	-6.71E-07	2.764E-05	1.00	0.00	0.00	0
4.586E-10	2.207E-09	1.012E-08	2.243E-08	1.424E-07	1.402E-07	2.506E-06	-1.16E-06	6.611E-05	1.00	0.00	0
2.821E-10	1.749E-09	5.484E-09	2.389E-08	5.136E-08	3.325E-07	2.461E-07	6.18E-06	-2.75E-06	1.53E-04	1.00	0
6.689E-10	3.755E-09	1.373E-08	4.642E-08	1.564E-07	5.273E-07	1.731E-06	6.259E-06	2.194E-05	8.012E-05	0.0003373	1

Efectuando de acuerdo a la relación (3.8):

$$\bar{m}(15) = \bar{\bar{X}}.\bar{m}(0)$$

$\bar{m}(15) =$

1	0.00	0.00	0.00	0.00	0.00	0.00	0.00	0.00	0.00	0	0	0.1310
5.73E-08	1	0.00	0.00	0.00	0.00	0.00	0.00	0.00	0.00	0	0	0.2300
-5E-09	1.23E-07	1.00	0.00	0.00	0.00	0.00	0.00	0.00	0.00	0	0	0.0959
8.64E-09	-2.0E-09	3.7E-07	1.00	0.00	0.00	0.00	0.00	0.00	0.00	0.00	0	0.0920
4.61E-10	2.81E-08	-1.5E-08	8.77E-07	1.00	0.00	0.00	0.00	0.00	0.00	0.00	0	0.0627
2.68E-09	4.86E-09	8E-08	-3.4E-08	2.09E-06	1.00	0.00	0.00	0.00	0.00	0.00	0	0.0690
8.03E-10	9.15E-09	9.1E-09	1.87E-07	-9.6E-08	4.86E-06	1.00	0.00	0.00	0.00	0.00	0	0.0451
1.14E-09	4.4E-09	2.7E-08	3.03E-08	4.81E-07	-7.5E-08	1.22E-05	1.00	0.00	0.00	0.00	0	0.0496
5.10E-10	3.71E-09	9.0E-09	5.79E-08	5.02E-08	1.01E-06	-6.7E-07	2.76E-05	1.00	0.00	0.00	0	0.0329
4.59E-10	2.21E-09	1.0E-08	2.24E-08	1.42E-07	1.4E-07	2.51E-06	-1.2E-06	6.61E-05	1.00	0.00	0	0.0325
2.82E-10	1.75E-09	5.5E-09	2.39E-08	5.14E-08	3.33E-07	2.46E-07	6.18E-06	-2.8E-06	1.53E-04	1.00	0	0.0179
6.69E-10	3.75E-09	1.4E-08	4.64E-08	1.56E-07	5.27E-07	1.73E-06	6.26E-06	2.19E-05	8.01E-05	0.00034	1	0.1420

Resulta:

$$\bar{m}(15)=\begin{bmatrix} 0.131 \\ 0.230 \\ 0.096 \\ 0.092 \\ 0.063 \\ 0.069 \\ 0.045 \\ 0.050 \\ 0.033 \\ 0.032 \\ 0.018 \\ 0.142 \end{bmatrix}$$

El modelo matemático en mención, muestra como resultado un producto granulométrico correspondiente a 15 minutos de molienda, resaltando cierta tendencia comparativa respecto a la data real, consecuentemente también arrojando un error equivalente a 0.3436 mostrado en la siguiente Tabla 4.20.

Tabla 4.20. Datos comparativos entre modelo matemático y la data. (tendencia)

Md/m(15)	Dt/m(15)	dif.	(abs,dif)^2
0.1312	0.0000	0.1312	0.0172
0.2297	0.0001	0.2296	0.0527
0.0959	0.0000	0.0959	0.0092
0.0920	0.0000	0.0920	0.0085
0.0627	0.0002	0.0625	0.0039
0.0690	0.0008	0.0682	0.0047
0.0451	0.0024	0.0427	0.0018
0.0496	0.0238	0.0258	0.0007
0.0329	0.0805	-0.0476	0.0023
0.0325	0.1690	-0.1365	0.0186
0.0179	0.1190	-0.1011	0.0102
0.1416	0.6040	-0.4624	0.2138
1.0001	0.9998	(Dt - Md)^2 :	**0.3436**

A continuación, se procede en minimizar el error ya contraído llegando a establecer la aproximación; que permita simular y representar a lo real obviamente con el uso de Solver-Excel.

4.3.3 Aplicando Solver

Solver es una herramienta de Excel que hace posible el recalculo de los siete parámetros asumidos inicialmente de las funciones, Selección y Fractura. Con el objetivo de obtener el error mínimo sumado a cada tamaño granulométrico; respecto a la data experimental. Consiguiendo la matriz de proceso en molienda $\bar{X}$.

$$\bar{X} = \begin{vmatrix}
0.00 & 0.00 & 0.00 & 0.00 & 0.00 & 0.00 & 0.00 & 0.00 & 0.00 & 0.00 & 0.00 & 0.00 \\
-0.0001 & 0.00 & 0.00 & 0.00 & 0.00 & 0.00 & 0.00 & 0.00 & 0.00 & 0.00 & 0.00 & 0.00 \\
-0.0001 & 0.0000 & 0.00 & 0.00 & 0.00 & 0.00 & 0.00 & 0.00 & 0.00 & 0.00 & 0.00 & 0.00 \\
-0.0007 & 0.0000 & 0.0000 & 0.00 & 0.00 & 0.00 & 0.00 & 0.00 & 0.00 & 0.00 & 0.00 & 0.00 \\
0.0028 & 0.0000 & 0.0000 & 0.0000 & 0.00 & 0.00 & 0.00 & 0.00 & 0.00 & 0.00 & 0.00 & 0.00 \\
0.0050 & 0.0000 & 0.0000 & 0.0000 & 0.0001 & 0.00 & 0.00 & 0.00 & 0.00 & 0.00 & 0.00 & 0.00 \\
0.0418 & 0.0002 & 0.0005 & 0.0008 & 0.0012 & 0.0017 & 0.00 & 0.00 & 0.00 & 0.00 & 0.00 & 0.00 \\
0.2101 & 0.0015 & 0.0034 & 0.0060 & 0.0090 & 0.0126 & 0.0177 & 0.0330 & 0.00 & 0.00 & 0.00 & 0.00 \\
0.4101 & 0.0037 & 0.0080 & 0.0142 & 0.0210 & 0.0292 & 0.0400 & 0.0541 & 0.1286 & 0.00 & 0.00 & 0.00 \\
0.5062 & 0.0052 & 0.0111 & 0.0194 & 0.0286 & 0.0394 & 0.0531 & 0.0700 & 0.0931 & 0.2899 & 0.00 & 0.00 \\
0.4639 & 0.0054 & 0.0111 & 0.0191 & 0.0278 & 0.0378 & 0.0504 & 0.0654 & 0.0862 & 0.1067 & 0.4738 & 0.00 \\
2.7319 & 0.0858 & 0.1212 & 0.1573 & 0.1844 & 0.2081 & 0.2337 & 0.2586 & 0.2963 & 0.3374 & 0.3885 & 1.000
\end{vmatrix}$$

Efectuando de acuerdo a la relación (3.8):

$$\bar{m}(15) = \bar{X}.\bar{m}(0)$$

$$\bar{m}(15) = \begin{vmatrix}
0.00 & 0.00 & 0.00 & 0.00 & 0.00 & 0.00 & 0.00 & 0.00 & 0.00 & 0.00 & 0.00 & 0.00 \\
-0.0001 & 0.00 & 0.00 & 0.00 & 0.00 & 0.00 & 0.00 & 0.00 & 0.00 & 0.00 & 0.00 & 0.00 \\
-0.0001 & 0.0000 & 0.00 & 0.00 & 0.00 & 0.00 & 0.00 & 0.00 & 0.00 & 0.00 & 0.00 & 0.00 \\
-0.0007 & 0.0000 & 0.0000 & 0.00 & 0.00 & 0.00 & 0.00 & 0.00 & 0.00 & 0.00 & 0.00 & 0.00 \\
0.0028 & 0.0000 & 0.0000 & 0.0000 & 0.00 & 0.00 & 0.00 & 0.00 & 0.00 & 0.00 & 0.00 & 0.00 \\
0.0050 & 0.0000 & 0.0000 & 0.0000 & 0.0001 & 0.00 & 0.00 & 0.00 & 0.00 & 0.00 & 0.00 & 0.00 \\
0.0418 & 0.0002 & 0.0005 & 0.0008 & 0.0012 & 0.0017 & 0.00 & 0.00 & 0.00 & 0.00 & 0.00 & 0.00 \\
0.2101 & 0.0015 & 0.0034 & 0.0060 & 0.0090 & 0.0126 & 0.0177 & 0.0330 & 0.00 & 0.00 & 0.00 & 0.00 \\
0.4101 & 0.0037 & 0.0080 & 0.0142 & 0.0210 & 0.0292 & 0.0400 & 0.0541 & 0.1286 & 0.00 & 0.00 & 0.00 \\
0.5062 & 0.0052 & 0.0111 & 0.0194 & 0.0286 & 0.0394 & 0.0531 & 0.0700 & 0.0931 & 0.2899 & 0.00 & 0.00 \\
0.4639 & 0.0054 & 0.0111 & 0.0191 & 0.0278 & 0.0378 & 0.0504 & 0.0654 & 0.0862 & 0.1067 & 0.4738 & 0.00 \\
2.7319 & 0.0858 & 0.1212 & 0.1573 & 0.1844 & 0.2081 & 0.2337 & 0.2586 & 0.2963 & 0.3374 & 0.3885 & 1.000
\end{vmatrix} \begin{vmatrix}
0.1310 \\
0.2300 \\
0.0959 \\
0.0920 \\
0.0627 \\
0.0690 \\
0.0451 \\
0.0496 \\
0.0329 \\
0.0325 \\
0.0179 \\
0.1420
\end{vmatrix}$$

Resulta:

$$\bar{m}(15) = \begin{bmatrix} 0.000 \\ 0.000 \\ 0.000 \\ 0.000 \\ 0.000 \\ 0.001 \\ 0.006 \\ 0.033 \\ 0.069 \\ 0.093 \\ 0.090 \\ 0.623 \end{bmatrix}$$

A continuación, se muestra la variedad de datos simulados. Tabla 4.21

Tabla 4.21. Distribucion Granulometrica- Simulados por Regresion No Lineal.

		Tamaño(microns)		Tiempo de Molienda(minutos)						
I.T	Malla	Maximo	Minimo	0	0.5	1	3	7	15	30
1	10/14	2000	1410	0.13	0.12	0.05	0.00	0.00	0.00	0.00
2	14/20	1410	841	0.23	0.21	0.11	0.00	0.00	0.00	0.00
3	20/30	841	595	0.10	0.09	0.07	0.00	0.00	0.00	0.00
4	30/40	595	420	0.09	0.08	0.08	0.01	0.00	0.00	0.00
5	40/50	420	297	0.06	0.06	0.08	0.04	0.01	0.00	0.00
6	50/70	297	210	0.07	0.06	0.09	0.10	0.05	0.00	0.00
7	70/100	210	150	0.05	0.04	0.07	0.10	0.09	0.01	0.00
8	100/150	150	104	0.05	0.05	0.07	0.12	0.12	0.03	0.00
9	150/200	104	74	0.03	0.03	0.05	0.09	0.10	0.07	0.01
10	200/270	74	53	0.03	0.03	0.05	0.08	0.09	0.09	0.04
11	270/400	53	38	0.02	0.02	0.03	0.05	0.06	0.09	0.06
12	0	38	0	0.14	0.21	0.20	0.28	0.33	0.62	0.72
			SUMA:	1.0001	0.9980	0.9353	0.8677	0.8487	0.9141	0.8285
			ERROR:	2.90E-07	0.0101189	0.0006075	0.0027184	0.0086756	0.0071719	0.0397556

Finalmente poder corroborar la proximidad de los datos simulados respecto a lo real, para una variedad de tiempos de molienda. **ANEXO 6**

4.3.4 Resultados y discusiones

Considerando inicialmente los siete valores arbitrarios asumidos en el modelo, se consigue reflejar cierta tendencia hacia la data granulométrica real del producto con un error de 0.3436.

Sin embargo, haciendo que el error por cada intervalo de tamaño granulométrico sea mínimo se logra la aproximación deseada con 0.0071 (de error modelo); con lo cual también se obtuvo el recalculo de todos los siguientes valores paramétricos denominados óptimos (mediante Solver-Excel).

$$k = 0.0838$$
$$n_1 = 0.0763$$
$$n_2 = 2.0110$$
$$a = 7.2870$$
$$\alpha = 1.5243$$
$$\Omega = 2.6073$$
$$x_0 = 0.4956$$

4.3.5 Concluciones

Los parámetros hallados en condición mínima de error adquieren la denominación de valores óptimos, quienes hacen posible que el modelamiento matemático este apto para poder simular (asemejar) y lograr predecir la ocurrencia granulométrica a través del proceso de molienda. Es decir, simular la granulometría de salida de un molino, en función de la granulometría de entrada y del proceso de reducción de tamaño que sufre el material dentro del equipo. Entonces para cada intervalo de tiempo de molienda podemos simular y predecir su correspondiente producto granulométrico.

Además, se observa la consistencia que adquiere el modelo matemático, pues las lecturas granulométrica comparativa data –modelo, ya se confunden (Tabla 4.18 y Tabla 4.21).

El modelo matemático asistido por solver, facilita y hace posible las siguientes bondades:
- El recalculo de los parámetros asumidos inicialmente.
- Por consiguiente, propicia que el error relativo inicial respecto a la data-experimental sea mínimo.
- Se hace posible ya, poder simular.
- Es decir, para el mineral tratado con el reporte granulométrico del alimento ya se puede simular su granulometría correspondiente.

La función de proceso $\bar{X}$ ampara e involucra a las funciones de selección y fractura; como una combinación de probabilidad de fracturamiento poblacional a través del proceso de molienda batch.

Bibliografia

1. J. Lynch A., W. Fuerstenau D. Circuito de trituración y molienda. Desarrollo en los procesos minerales   simulación optimización - diseño y control. Edit. Rocas y minerales. 1° Edición 1980.

2. Ayres Hidalgo Fernando A., Torres Ponce Miguel. Técnicas matemáticas aplicadas al balance de materia. Ingeniería y computación EIRL. Arequipa 1998.

3. Leonel Gutiérrez R, Jaime Sepúlveda. Dimensionamiento y optimización de plantas concentradoras mediante técnicas de modelación matemática. Centro de investigación minera metalúrgica 1986.

4. G.Austin Leonard, Concha A. Fernando. Diseño y simulación de circuitos de molienda y clasificación. Programa iberoamericano de ciencia y tecnología para el desarrollo. Subprograma de tecnología mineral Red de fragmentación XII-A.

5. Oblad A. Edward. GS technologies / control international. Salt. Lake City, Utah, USA. Modelos matemáticos de conminución y sus aplicaciones en la industria mineral: nov.1994.

6. Jorge Menacho, Javier Jofre R. Yadranka Zickovic D. 'Topicos Especiales de Conminucion de Minerales', Cyted, 1995.

7. Hong Yong Solhn, Milton Wadsworth. 'Cinetica de los procesos de la Metalurgia Extractiva'. Editorial Trillas, primera Edicion 1986.

8. Errol G. Kelly, David J. Spottiswood. 'Introducción al Procesamiento de Minerales'. Editorial Limusa. Primera Edicion 1990.

9. Will B.A - Naiper T.J
Mineral Processing Technology. An introduction to the practical aspects of ore treatment and mineral recovery: October 2006.

10. R.K.Rajamani ,Mathematical Modeling of Extractive Metallurgical Processes University of Utah, (Class Notes) Autumn Quarter 1994.

11. Modelo matemático aplicado a molienda discontinua "Batch".
Vol. 27, Núm. 1 (2017)
http://revistas.uni.edu.pe/index.php/tecnia/article/view/122

12. Modelamiento matemático Aplicado a Conminución.

Vol. 24, Núm. 1 (2014)

http://www.revistas.uni.edu.pe/index.php/tecnia/article/view/34

13. Corominas Albert. "Técnicas de Optimización", Editorial DEXTRA.

14. Eyzaguirre Acosta, Carlos Augusto (2016), "Excel Aplicado-Ingenieros", Editorial. Alfa omega, Macro

15. Himmelblau D.M. "Analisis y Simulación de Procesos", Editorial Reverte.

ANEXOS

ANEXO 1: Desarrollo - Función Fractura Fraccionada

Constituyendo la matriz $\bar{b}$. (2.3b)

Iniciamos constituyendo la matriz $\bar{R}$.

$$\bar{R} = \begin{bmatrix}
1 & 0 & 0 & 0 & 0 & 0 & 0 & 0 & 0 & 0 & 0 & 0 & 0 & 0 & 0 & 0 & 0 & 0 & 0 & 0 & 0 \\
1 & 1 & 0 & 0 & 0 & 0 & 0 & 0 & 0 & 0 & 0 & 0 & 0 & 0 & 0 & 0 & 0 & 0 & 0 & 0 & 0 \\
1 & 1 & 1 & 0 & 0 & 0 & 0 & 0 & 0 & 0 & 0 & 0 & 0 & 0 & 0 & 0 & 0 & 0 & 0 & 0 & 0 \\
1 & 1 & 1 & 1 & 0 & 0 & 0 & 0 & 0 & 0 & 0 & 0 & 0 & 0 & 0 & 0 & 0 & 0 & 0 & 0 & 0 \\
1 & 1 & 1 & 1 & 1 & 0 & 0 & 0 & 0 & 0 & 0 & 0 & 0 & 0 & 0 & 0 & 0 & 0 & 0 & 0 & 0 \\
1 & 1 & 1 & 1 & 1 & 1 & 0 & 0 & 0 & 0 & 0 & 0 & 0 & 0 & 0 & 0 & 0 & 0 & 0 & 0 & 0 \\
1 & 1 & 1 & 1 & 1 & 1 & 1 & 0 & 0 & 0 & 0 & 0 & 0 & 0 & 0 & 0 & 0 & 0 & 0 & 0 & 0 \\
1 & 1 & 1 & 1 & 1 & 1 & 1 & 1 & 0 & 0 & 0 & 0 & 0 & 0 & 0 & 0 & 0 & 0 & 0 & 0 & 0 \\
1 & 1 & 1 & 1 & 1 & 1 & 1 & 1 & 1 & 0 & 0 & 0 & 0 & 0 & 0 & 0 & 0 & 0 & 0 & 0 & 0 \\
1 & 1 & 1 & 1 & 1 & 1 & 1 & 1 & 1 & 1 & 0 & 0 & 0 & 0 & 0 & 0 & 0 & 0 & 0 & 0 & 0 \\
1 & 1 & 1 & 1 & 1 & 1 & 1 & 1 & 1 & 1 & 1 & 0 & 0 & 0 & 0 & 0 & 0 & 0 & 0 & 0 & 0 \\
1 & 1 & 1 & 1 & 1 & 1 & 1 & 1 & 1 & 1 & 1 & 1 & 0 & 0 & 0 & 0 & 0 & 0 & 0 & 0 & 0 \\
1 & 1 & 1 & 1 & 1 & 1 & 1 & 1 & 1 & 1 & 1 & 1 & 1 & 0 & 0 & 0 & 0 & 0 & 0 & 0 & 0 \\
1 & 1 & 1 & 1 & 1 & 1 & 1 & 1 & 1 & 1 & 1 & 1 & 1 & 1 & 0 & 0 & 0 & 0 & 0 & 0 & 0 \\
1 & 1 & 1 & 1 & 1 & 1 & 1 & 1 & 1 & 1 & 1 & 1 & 1 & 1 & 1 & 0 & 0 & 0 & 0 & 0 & 0 \\
1 & 1 & 1 & 1 & 1 & 1 & 1 & 1 & 1 & 1 & 1 & 1 & 1 & 1 & 1 & 1 & 0 & 0 & 0 & 0 & 0 \\
1 & 1 & 1 & 1 & 1 & 1 & 1 & 1 & 1 & 1 & 1 & 1 & 1 & 1 & 1 & 1 & 1 & 0 & 0 & 0 & 0 \\
1 & 1 & 1 & 1 & 1 & 1 & 1 & 1 & 1 & 1 & 1 & 1 & 1 & 1 & 1 & 1 & 1 & 1 & 0 & 0 & 0 \\
1 & 1 & 1 & 1 & 1 & 1 & 1 & 1 & 1 & 1 & 1 & 1 & 1 & 1 & 1 & 1 & 1 & 1 & 1 & 0 & 0 \\
1 & 1 & 1 & 1 & 1 & 1 & 1 & 1 & 1 & 1 & 1 & 1 & 1 & 1 & 1 & 1 & 1 & 1 & 1 & 1 & 0 \\
1 & 1 & 1 & 1 & 1 & 1 & 1 & 1 & 1 & 1 & 1 & 1 & 1 & 1 & 1 & 1 & 1 & 1 & 1 & 1 & 1
\end{bmatrix}$$

$$\bar{R}^{1} = \begin{bmatrix}
1 & 0 & 0 & 0 & 0 & 0 & 0 & 0 & 0 & 0 & 0 & 0 & 0 & 0 & 0 & 0 & 0 & 0 & 0 & 0 & 0 \\
-1 & 1 & 0 & 0 & 0 & 0 & 0 & 0 & 0 & 0 & 0 & 0 & 0 & 0 & 0 & 0 & 0 & 0 & 0 & 0 & 0 \\
0 & -1 & 1 & 0 & 0 & 0 & 0 & 0 & 0 & 0 & 0 & 0 & 0 & 0 & 0 & 0 & 0 & 0 & 0 & 0 & 0 \\
0 & 0 & -1 & 1 & 0 & 0 & 0 & 0 & 0 & 0 & 0 & 0 & 0 & 0 & 0 & 0 & 0 & 0 & 0 & 0 & 0 \\
0 & 0 & 0 & -1 & 1 & 0 & 0 & 0 & 0 & 0 & 0 & 0 & 0 & 0 & 0 & 0 & 0 & 0 & 0 & 0 & 0 \\
0 & 0 & 0 & 0 & -1 & 1 & 0 & 0 & 0 & 0 & 0 & 0 & 0 & 0 & 0 & 0 & 0 & 0 & 0 & 0 & 0 \\
0 & 0 & 0 & 0 & 0 & -1 & 1 & 0 & 0 & 0 & 0 & 0 & 0 & 0 & 0 & 0 & 0 & 0 & 0 & 0 & 0 \\
0 & 0 & 0 & 0 & 0 & 0 & -1 & 1 & 0 & 0 & 0 & 0 & 0 & 0 & 0 & 0 & 0 & 0 & 0 & 0 & 0 \\
0 & 0 & 0 & 0 & 0 & 0 & 0 & -1 & 1 & 0 & 0 & 0 & 0 & 0 & 0 & 0 & 0 & 0 & 0 & 0 & 0 \\
0 & 0 & 0 & 0 & 0 & 0 & 0 & 0 & -1 & 1 & 0 & 0 & 0 & 0 & 0 & 0 & 0 & 0 & 0 & 0 & 0 \\
0 & 0 & 0 & 0 & 0 & 0 & 0 & 0 & 0 & -1 & 1 & 0 & 0 & 0 & 0 & 0 & 0 & 0 & 0 & 0 & 0 \\
0 & 0 & 0 & 0 & 0 & 0 & 0 & 0 & 0 & 0 & -1 & 1 & 0 & 0 & 0 & 0 & 0 & 0 & 0 & 0 & 0 \\
0 & 0 & 0 & 0 & 0 & 0 & 0 & 0 & 0 & 0 & 0 & -1 & 1 & 0 & 0 & 0 & 0 & 0 & 0 & 0 & 0 \\
0 & 0 & 0 & 0 & 0 & 0 & 0 & 0 & 0 & 0 & 0 & 0 & -1 & 1 & 0 & 0 & 0 & 0 & 0 & 0 & 0 \\
0 & 0 & 0 & 0 & 0 & 0 & 0 & 0 & 0 & 0 & 0 & 0 & 0 & -1 & 1 & 0 & 0 & 0 & 0 & 0 & 0 \\
0 & 0 & 0 & 0 & 0 & 0 & 0 & 0 & 0 & 0 & 0 & 0 & 0 & 0 & -1 & 1 & 0 & 0 & 0 & 0 & 0 \\
0 & 0 & 0 & 0 & 0 & 0 & 0 & 0 & 0 & 0 & 0 & 0 & 0 & 0 & 0 & -1 & 1 & 0 & 0 & 0 & 0 \\
0 & 0 & 0 & 0 & 0 & 0 & 0 & 0 & 0 & 0 & 0 & 0 & 0 & 0 & 0 & 0 & -1 & 1 & 0 & 0 & 0 \\
0 & 0 & 0 & 0 & 0 & 0 & 0 & 0 & 0 & 0 & 0 & 0 & 0 & 0 & 0 & 0 & 0 & -1 & 1 & 0 & 0 \\
0 & 0 & 0 & 0 & 0 & 0 & 0 & 0 & 0 & 0 & 0 & 0 & 0 & 0 & 0 & 0 & 0 & 0 & -1 & 1 & 0 \\
0 & 0 & 0 & 0 & 0 & 0 & 0 & 0 & 0 & 0 & 0 & 0 & 0 & 0 & 0 & 0 & 0 & 0 & 0 & -1 & 1
\end{bmatrix}$$

$$\overline{ONES} = \begin{pmatrix}
1 & 1 & 1 & 1 & 1 & 1 & 1 & 1 & 1 & 1 & 1 & 1 & 1 & 1 & 1 & 1 & 1 & 1 & 1 & 1 & 1 \\
1 & 1 & 1 & 1 & 1 & 1 & 1 & 1 & 1 & 1 & 1 & 1 & 1 & 1 & 1 & 1 & 1 & 1 & 1 & 1 & 1 \\
1 & 1 & 1 & 1 & 1 & 1 & 1 & 1 & 1 & 1 & 1 & 1 & 1 & 1 & 1 & 1 & 1 & 1 & 1 & 1 & 1 \\
1 & 1 & 1 & 1 & 1 & 1 & 1 & 1 & 1 & 1 & 1 & 1 & 1 & 1 & 1 & 1 & 1 & 1 & 1 & 1 & 1 \\
1 & 1 & 1 & 1 & 1 & 1 & 1 & 1 & 1 & 1 & 1 & 1 & 1 & 1 & 1 & 1 & 1 & 1 & 1 & 1 & 1 \\
1 & 1 & 1 & 1 & 1 & 1 & 1 & 1 & 1 & 1 & 1 & 1 & 1 & 1 & 1 & 1 & 1 & 1 & 1 & 1 & 1 \\
1 & 1 & 1 & 1 & 1 & 1 & 1 & 1 & 1 & 1 & 1 & 1 & 1 & 1 & 1 & 1 & 1 & 1 & 1 & 1 & 1 \\
1 & 1 & 1 & 1 & 1 & 1 & 1 & 1 & 1 & 1 & 1 & 1 & 1 & 1 & 1 & 1 & 1 & 1 & 1 & 1 & 1 \\
1 & 1 & 1 & 1 & 1 & 1 & 1 & 1 & 1 & 1 & 1 & 1 & 1 & 1 & 1 & 1 & 1 & 1 & 1 & 1 & 1 \\
1 & 1 & 1 & 1 & 1 & 1 & 1 & 1 & 1 & 1 & 1 & 1 & 1 & 1 & 1 & 1 & 1 & 1 & 1 & 1 & 1 \\
1 & 1 & 1 & 1 & 1 & 1 & 1 & 1 & 1 & 1 & 1 & 1 & 1 & 1 & 1 & 1 & 1 & 1 & 1 & 1 & 1 \\
1 & 1 & 1 & 1 & 1 & 1 & 1 & 1 & 1 & 1 & 1 & 1 & 1 & 1 & 1 & 1 & 1 & 1 & 1 & 1 & 1 \\
1 & 1 & 1 & 1 & 1 & 1 & 1 & 1 & 1 & 1 & 1 & 1 & 1 & 1 & 1 & 1 & 1 & 1 & 1 & 1 & 1 \\
1 & 1 & 1 & 1 & 1 & 1 & 1 & 1 & 1 & 1 & 1 & 1 & 1 & 1 & 1 & 1 & 1 & 1 & 1 & 1 & 1 \\
1 & 1 & 1 & 1 & 1 & 1 & 1 & 1 & 1 & 1 & 1 & 1 & 1 & 1 & 1 & 1 & 1 & 1 & 1 & 1 & 1 \\
1 & 1 & 1 & 1 & 1 & 1 & 1 & 1 & 1 & 1 & 1 & 1 & 1 & 1 & 1 & 1 & 1 & 1 & 1 & 1 & 1 \\
1 & 1 & 1 & 1 & 1 & 1 & 1 & 1 & 1 & 1 & 1 & 1 & 1 & 1 & 1 & 1 & 1 & 1 & 1 & 1 & 1 \\
1 & 1 & 1 & 1 & 1 & 1 & 1 & 1 & 1 & 1 & 1 & 1 & 1 & 1 & 1 & 1 & 1 & 1 & 1 & 1 & 1 \\
1 & 1 & 1 & 1 & 1 & 1 & 1 & 1 & 1 & 1 & 1 & 1 & 1 & 1 & 1 & 1 & 1 & 1 & 1 & 1 & 1 \\
1 & 1 & 1 & 1 & 1 & 1 & 1 & 1 & 1 & 1 & 1 & 1 & 1 & 1 & 1 & 1 & 1 & 1 & 1 & 1 & 1 \\
1 & 1 & 1 & 1 & 1 & 1 & 1 & 1 & 1 & 1 & 1 & 1 & 1 & 1 & 1 & 1 & 1 & 1 & 1 & 1 & 1
\end{pmatrix}$$

$$(\overline{ONES} - \overline{B}) = \begin{pmatrix}
0.23 & 0 & 0 & 0 & 0 & 0 & 0 & 0 & 0 & 0 & 0 & 0 & 0 & 0 & 0 & 0 & 0 & 0 & 0 & 0 & 0 \\
0.55 & 0.30 & 0 & 0 & 0 & 0 & 0 & 0 & 0 & 0 & 0 & 0 & 0 & 0 & 0 & 0 & 0 & 0 & 0 & 0 & 0 \\
0.72 & 0.66 & 0.43 & 0 & 0 & 0 & 0 & 0 & 0 & 0 & 0 & 0 & 0 & 0 & 0 & 0 & 0 & 0 & 0 & 0 & 0 \\
0.76 & 0.72 & 0.58 & 0.23 & 0 & 0 & 0 & 0 & 0 & 0 & 0 & 0 & 0 & 0 & 0 & 0 & 0 & 0 & 0 & 0 & 0 \\
0.81 & 0.77 & 0.69 & 0.55 & 0.30 & 0 & 0 & 0 & 0 & 0 & 0 & 0 & 0 & 0 & 0 & 0 & 0 & 0 & 0 & 0 & 0 \\
0.84 & 0.80 & 0.74 & 0.64 & 0.52 & 0.23 & 0 & 0 & 0 & 0 & 0 & 0 & 0 & 0 & 0 & 0 & 0 & 0 & 0 & 0 & 0 \\
0.86 & 0.84 & 0.78 & 0.72 & 0.65 & 0.52 & 0.27 & 0 & 0 & 0 & 0 & 0 & 0 & 0 & 0 & 0 & 0 & 0 & 0 & 0 & 0 \\
0.88 & 0.86 & 0.82 & 0.77 & 0.72 & 0.65 & 0.54 & 0.27 & 0 & 0 & 0 & 0 & 0 & 0 & 0 & 0 & 0 & 0 & 0 & 0 & 0 \\
0.90 & 0.88 & 0.85 & 0.80 & 0.77 & 0.72 & 0.65 & 0.53 & 0.27 & 0 & 0 & 0 & 0 & 0 & 0 & 0 & 0 & 0 & 0 & 0 & 0 \\
0.92 & 0.90 & 0.87 & 0.84 & 0.80 & 0.77 & 0.72 & 0.65 & 0.53 & 0.27 & 0 & 0 & 0 & 0 & 0 & 0 & 0 & 0 & 0 & 0 & 0 \\
0.93 & 0.92 & 0.89 & 0.86 & 0.84 & 0.81 & 0.77 & 0.72 & 0.65 & 0.54 & 0.28 & 0 & 0 & 0 & 0 & 0 & 0 & 0 & 0 & 0 & 0 \\
0.94 & 0.93 & 0.91 & 0.88 & 0.86 & 0.84 & 0.81 & 0.77 & 0.72 & 0.65 & 0.54 & 0.27 & 0 & 0 & 0 & 0 & 0 & 0 & 0 & 0 & 0 \\
0.95 & 0.94 & 0.92 & 0.90 & 0.88 & 0.86 & 0.84 & 0.81 & 0.77 & 0.72 & 0.65 & 0.53 & 0.26 & 0 & 0 & 0 & 0 & 0 & 0 & 0 & 0 \\
0.96 & 0.95 & 0.94 & 0.92 & 0.90 & 0.88 & 0.86 & 0.84 & 0.81 & 0.77 & 0.72 & 0.65 & 0.53 & 0.27 & 0 & 0 & 0 & 0 & 0 & 0 & 0 \\
0.97 & 0.96 & 0.95 & 0.93 & 0.92 & 0.90 & 0.89 & 0.86 & 0.84 & 0.81 & 0.77 & 0.72 & 0.65 & 0.53 & 0.27 & 0 & 0 & 0 & 0 & 0 & 0 \\
0.97 & 0.97 & 0.95 & 0.94 & 0.93 & 0.92 & 0.90 & 0.89 & 0.86 & 0.84 & 0.81 & 0.77 & 0.72 & 0.65 & 0.53 & 0.27 & 0 & 0 & 0 & 0 & 0 \\
0.98 & 0.97 & 0.96 & 0.95 & 0.94 & 0.93 & 0.92 & 0.90 & 0.89 & 0.86 & 0.84 & 0.81 & 0.77 & 0.72 & 0.65 & 0.53 & 0.27 & 0 & 0 & 0 & 0 \\
0.98 & 0.98 & 0.97 & 0.96 & 0.95 & 0.94 & 0.93 & 0.92 & 0.90 & 0.89 & 0.86 & 0.84 & 0.81 & 0.77 & 0.72 & 0.65 & 0.53 & 0.27 & 0 & 0 & 0 \\
0.98 & 0.98 & 0.97 & 0.97 & 0.96 & 0.95 & 0.94 & 0.93 & 0.92 & 0.90 & 0.89 & 0.86 & 0.84 & 0.81 & 0.77 & 0.72 & 0.65 & 0.53 & 0.27 & 0 & 0 \\
0.99 & 0.98 & 0.98 & 0.97 & 0.97 & 0.96 & 0.95 & 0.94 & 0.93 & 0.92 & 0.90 & 0.88 & 0.86 & 0.84 & 0.81 & 0.77 & 0.72 & 0.65 & 0.53 & 0.27 & 0 \\
1 & 1 & 1 & 1 & 1 & 1 & 1 & 1 & 1 & 1 & 1 & 1 & 1 & 1 & 1 & 1 & 1 & 1 & 1 & 1 & 1
\end{pmatrix}$$

Luego obtenemos: $\overline{b} = \overline{R}^{-1}(\overline{ONES} - \overline{B})$

$$\overline{b} = \begin{pmatrix}
0.23 & 0 & 0 & 0 & 0 & 0 & 0 & 0 & 0 & 0 & 0 & 0 & 0 & 0 & 0 & 0 & 0 & 0 & 0 & 0 & 0 \\
0.31 & 0.30 & 0 & 0 & 0 & 0 & 0 & 0 & 0 & 0 & 0 & 0 & 0 & 0 & 0 & 0 & 0 & 0 & 0 & 0 & 0 \\
0.18 & 0.36 & 0.43 & 0 & 0 & 0 & 0 & 0 & 0 & 0 & 0 & 0 & 0 & 0 & 0 & 0 & 0 & 0 & 0 & 0 & 0 \\
0.04 & 0.06 & 0.15 & 0.23 & 0 & 0 & 0 & 0 & 0 & 0 & 0 & 0 & 0 & 0 & 0 & 0 & 0 & 0 & 0 & 0 & 0 \\
0.04 & 0.06 & 0.11 & 0.31 & 0.30 & 0 & 0 & 0 & 0 & 0 & 0 & 0 & 0 & 0 & 0 & 0 & 0 & 0 & 0 & 0 & 0 \\
0.03 & 0.03 & 0.05 & 0.10 & 0.22 & 0.23 & 0 & 0 & 0 & 0 & 0 & 0 & 0 & 0 & 0 & 0 & 0 & 0 & 0 & 0 & 0 \\
0.03 & 0.03 & 0.05 & 0.07 & 0.13 & 0.29 & 0.27 & 0 & 0 & 0 & 0 & 0 & 0 & 0 & 0 & 0 & 0 & 0 & 0 & 0 & 0 \\
0.02 & 0.03 & 0.04 & 0.05 & 0.07 & 0.12 & 0.26 & 0.27 & 0 & 0 & 0 & 0 & 0 & 0 & 0 & 0 & 0 & 0 & 0 & 0 & 0 \\
0.02 & 0.02 & 0.03 & 0.04 & 0.05 & 0.07 & 0.12 & 0.26 & 0.27 & 0 & 0 & 0 & 0 & 0 & 0 & 0 & 0 & 0 & 0 & 0 & 0 \\
0.02 & 0.02 & 0.02 & 0.03 & 0.04 & 0.05 & 0.07 & 0.12 & 0.26 & 0.27 & 0 & 0 & 0 & 0 & 0 & 0 & 0 & 0 & 0 & 0 & 0 \\
0.01 & 0.02 & 0.02 & 0.03 & 0.03 & 0.04 & 0.05 & 0.07 & 0.12 & 0.27 & 0.28 & 0 & 0 & 0 & 0 & 0 & 0 & 0 & 0 & 0 & 0 \\
0.01 & 0.01 & 0.02 & 0.02 & 0.03 & 0.03 & 0.04 & 0.05 & 0.07 & 0.12 & 0.26 & 0.27 & 0 & 0 & 0 & 0 & 0 & 0 & 0 & 0 & 0 \\
0.01 & 0.01 & 0.01 & 0.02 & 0.02 & 0.03 & 0.03 & 0.04 & 0.05 & 0.07 & 0.11 & 0.26 & 0.26 & 0 & 0 & 0 & 0 & 0 & 0 & 0 & 0 \\
0.01 & 0.01 & 0.01 & 0.02 & 0.02 & 0.02 & 0.03 & 0.03 & 0.04 & 0.05 & 0.07 & 0.12 & 0.27 & 0.27 & 0 & 0 & 0 & 0 & 0 & 0 & 0 \\
0.01 & 0.01 & 0.01 & 0.01 & 0.02 & 0.02 & 0.02 & 0.03 & 0.03 & 0.04 & 0.05 & 0.07 & 0.12 & 0.26 & 0.27 & 0 & 0 & 0 & 0 & 0 & 0 \\
0.01 & 0.01 & 0.01 & 0.01 & 0.01 & 0.02 & 0.02 & 0.02 & 0.03 & 0.03 & 0.04 & 0.05 & 0.07 & 0.12 & 0.26 & 0.27 & 0 & 0 & 0 & 0 & 0 \\
0.00 & 0.01 & 0.01 & 0.01 & 0.01 & 0.01 & 0.02 & 0.02 & 0.02 & 0.03 & 0.03 & 0.04 & 0.05 & 0.07 & 0.12 & 0.27 & 0.27 & 0 & 0 & 0 & 0 \\
0.00 & 0.00 & 0.01 & 0.01 & 0.01 & 0.01 & 0.01 & 0.02 & 0.02 & 0.02 & 0.03 & 0.03 & 0.04 & 0.05 & 0.07 & 0.12 & 0.26 & 0.27 & 0 & 0 & 0 \\
0.00 & 0.00 & 0.01 & 0.01 & 0.01 & 0.01 & 0.01 & 0.01 & 0.02 & 0.02 & 0.02 & 0.03 & 0.03 & 0.04 & 0.05 & 0.07 & 0.12 & 0.26 & 0.27 & 0 & 0 \\
0.00 & 0.00 & 0.00 & 0.01 & 0.01 & 0.01 & 0.01 & 0.01 & 0.01 & 0.02 & 0.02 & 0.02 & 0.03 & 0.03 & 0.04 & 0.05 & 0.07 & 0.12 & 0.26 & 0.27 & 0 \\
0.01 & 0.02 & 0.02 & 0.03 & 0.03 & 0.04 & 0.05 & 0.06 & 0.07 & 0.08 & 0.10 & 0.12 & 0.14 & 0.16 & 0.19 & 0.23 & 0.28 & 0.35 & 0.47 & 0.73 & 1
\end{pmatrix}$$

ANEXO 2: Matriz de Proceso – Chancado

Constituyendo la matriz $\bar{X}$. (2.9)

.Iniciamos constituyendo la matriz $\bar{I}$.

$$\bar{I} = \begin{bmatrix}
1 & 0 & 0 & 0 & 0 & 0 & 0 & 0 & 0 & 0 & 0 & 0 & 0 & 0 & 0 & 0 & 0 & 0 & 0 & 0 & 0 & 0 & 0 & 0 \\
0 & 1 & 0 & 0 & 0 & 0 & 0 & 0 & 0 & 0 & 0 & 0 & 0 & 0 & 0 & 0 & 0 & 0 & 0 & 0 & 0 & 0 & 0 & 0 \\
0 & 0 & 1 & 0 & 0 & 0 & 0 & 0 & 0 & 0 & 0 & 0 & 0 & 0 & 0 & 0 & 0 & 0 & 0 & 0 & 0 & 0 & 0 & 0 \\
0 & 0 & 0 & 1 & 0 & 0 & 0 & 0 & 0 & 0 & 0 & 0 & 0 & 0 & 0 & 0 & 0 & 0 & 0 & 0 & 0 & 0 & 0 & 0 \\
0 & 0 & 0 & 0 & 1 & 0 & 0 & 0 & 0 & 0 & 0 & 0 & 0 & 0 & 0 & 0 & 0 & 0 & 0 & 0 & 0 & 0 & 0 & 0 \\
0 & 0 & 0 & 0 & 0 & 1 & 0 & 0 & 0 & 0 & 0 & 0 & 0 & 0 & 0 & 0 & 0 & 0 & 0 & 0 & 0 & 0 & 0 & 0 \\
0 & 0 & 0 & 0 & 0 & 0 & 1 & 0 & 0 & 0 & 0 & 0 & 0 & 0 & 0 & 0 & 0 & 0 & 0 & 0 & 0 & 0 & 0 & 0 \\
0 & 0 & 0 & 0 & 0 & 0 & 0 & 1 & 0 & 0 & 0 & 0 & 0 & 0 & 0 & 0 & 0 & 0 & 0 & 0 & 0 & 0 & 0 & 0 \\
0 & 0 & 0 & 0 & 0 & 0 & 0 & 0 & 1 & 0 & 0 & 0 & 0 & 0 & 0 & 0 & 0 & 0 & 0 & 0 & 0 & 0 & 0 & 0 \\
0 & 0 & 0 & 0 & 0 & 0 & 0 & 0 & 0 & 1 & 0 & 0 & 0 & 0 & 0 & 0 & 0 & 0 & 0 & 0 & 0 & 0 & 0 & 0 \\
0 & 0 & 0 & 0 & 0 & 0 & 0 & 0 & 0 & 0 & 1 & 0 & 0 & 0 & 0 & 0 & 0 & 0 & 0 & 0 & 0 & 0 & 0 & 0 \\
0 & 0 & 0 & 0 & 0 & 0 & 0 & 0 & 0 & 0 & 0 & 1 & 0 & 0 & 0 & 0 & 0 & 0 & 0 & 0 & 0 & 0 & 0 & 0 \\
0 & 0 & 0 & 0 & 0 & 0 & 0 & 0 & 0 & 0 & 0 & 0 & 1 & 0 & 0 & 0 & 0 & 0 & 0 & 0 & 0 & 0 & 0 & 0 \\
0 & 0 & 0 & 0 & 0 & 0 & 0 & 0 & 0 & 0 & 0 & 0 & 0 & 1 & 0 & 0 & 0 & 0 & 0 & 0 & 0 & 0 & 0 & 0 \\
0 & 0 & 0 & 0 & 0 & 0 & 0 & 0 & 0 & 0 & 0 & 0 & 0 & 0 & 1 & 0 & 0 & 0 & 0 & 0 & 0 & 0 & 0 & 0 \\
0 & 0 & 0 & 0 & 0 & 0 & 0 & 0 & 0 & 0 & 0 & 0 & 0 & 0 & 0 & 1 & 0 & 0 & 0 & 0 & 0 & 0 & 0 & 0 \\
0 & 0 & 0 & 0 & 0 & 0 & 0 & 0 & 0 & 0 & 0 & 0 & 0 & 0 & 0 & 0 & 1 & 0 & 0 & 0 & 0 & 0 & 0 & 0 \\
0 & 0 & 0 & 0 & 0 & 0 & 0 & 0 & 0 & 0 & 0 & 0 & 0 & 0 & 0 & 0 & 0 & 1 & 0 & 0 & 0 & 0 & 0 & 0 \\
0 & 0 & 0 & 0 & 0 & 0 & 0 & 0 & 0 & 0 & 0 & 0 & 0 & 0 & 0 & 0 & 0 & 0 & 1 & 0 & 0 & 0 & 0 & 0 \\
0 & 0 & 0 & 0 & 0 & 0 & 0 & 0 & 0 & 0 & 0 & 0 & 0 & 0 & 0 & 0 & 0 & 0 & 0 & 1 & 0 & 0 & 0 & 0 \\
0 & 0 & 0 & 0 & 0 & 0 & 0 & 0 & 0 & 0 & 0 & 0 & 0 & 0 & 0 & 0 & 0 & 0 & 0 & 0 & 1 & 0 & 0 & 0 \\
0 & 0 & 0 & 0 & 0 & 0 & 0 & 0 & 0 & 0 & 0 & 0 & 0 & 0 & 0 & 0 & 0 & 0 & 0 & 0 & 0 & 1 & 0 & 0 \\
0 & 0 & 0 & 0 & 0 & 0 & 0 & 0 & 0 & 0 & 0 & 0 & 0 & 0 & 0 & 0 & 0 & 0 & 0 & 0 & 0 & 0 & 1 & 0 \\
0 & 0 & 0 & 0 & 0 & 0 & 0 & 0 & 0 & 0 & 0 & 0 & 0 & 0 & 0 & 0 & 0 & 0 & 0 & 0 & 0 & 0 & 0 & 1
\end{bmatrix}$$

$$\bar{C} = \begin{bmatrix}
1 & 0 & 0 & 0 & 0 & 0 & 0 & 0 & 0 & 0 & 0 & 0 & 0 & 0 & 0 & 0 & 0 & 0 & 0 & 0 & 0 & 0 & 0 & 0 \\
0 & 1 & 0 & 0 & 0 & 0 & 0 & 0 & 0 & 0 & 0 & 0 & 0 & 0 & 0 & 0 & 0 & 0 & 0 & 0 & 0 & 0 & 0 & 0 \\
0 & 0 & 0.9 & 0 & 0 & 0 & 0 & 0 & 0 & 0 & 0 & 0 & 0 & 0 & 0 & 0 & 0 & 0 & 0 & 0 & 0 & 0 & 0 & 0 \\
0 & 0 & 0 & 0.41 & 0 & 0 & 0 & 0 & 0 & 0 & 0 & 0 & 0 & 0 & 0 & 0 & 0 & 0 & 0 & 0 & 0 & 0 & 0 & 0 \\
0 & 0 & 0 & 0 & 0.10 & 0 & 0 & 0 & 0 & 0 & 0 & 0 & 0 & 0 & 0 & 0 & 0 & 0 & 0 & 0 & 0 & 0 & 0 & 0 \\
0 & 0 & 0 & 0 & 0 & 0 & 0 & 0 & 0 & 0 & 0 & 0 & 0 & 0 & 0 & 0 & 0 & 0 & 0 & 0 & 0 & 0 & 0 & 0 \\
0 & 0 & 0 & 0 & 0 & 0 & 0 & 0 & 0 & 0 & 0 & 0 & 0 & 0 & 0 & 0 & 0 & 0 & 0 & 0 & 0 & 0 & 0 & 0 \\
0 & 0 & 0 & 0 & 0 & 0 & 0 & 0 & 0 & 0 & 0 & 0 & 0 & 0 & 0 & 0 & 0 & 0 & 0 & 0 & 0 & 0 & 0 & 0 \\
0 & 0 & 0 & 0 & 0 & 0 & 0 & 0 & 0 & 0 & 0 & 0 & 0 & 0 & 0 & 0 & 0 & 0 & 0 & 0 & 0 & 0 & 0 & 0 \\
0 & 0 & 0 & 0 & 0 & 0 & 0 & 0 & 0 & 0 & 0 & 0 & 0 & 0 & 0 & 0 & 0 & 0 & 0 & 0 & 0 & 0 & 0 & 0 \\
0 & 0 & 0 & 0 & 0 & 0 & 0 & 0 & 0 & 0 & 0 & 0 & 0 & 0 & 0 & 0 & 0 & 0 & 0 & 0 & 0 & 0 & 0 & 0 \\
0 & 0 & 0 & 0 & 0 & 0 & 0 & 0 & 0 & 0 & 0 & 0 & 0 & 0 & 0 & 0 & 0 & 0 & 0 & 0 & 0 & 0 & 0 & 0 \\
0 & 0 & 0 & 0 & 0 & 0 & 0 & 0 & 0 & 0 & 0 & 0 & 0 & 0 & 0 & 0 & 0 & 0 & 0 & 0 & 0 & 0 & 0 & 0 \\
0 & 0 & 0 & 0 & 0 & 0 & 0 & 0 & 0 & 0 & 0 & 0 & 0 & 0 & 0 & 0 & 0 & 0 & 0 & 0 & 0 & 0 & 0 & 0 \\
0 & 0 & 0 & 0 & 0 & 0 & 0 & 0 & 0 & 0 & 0 & 0 & 0 & 0 & 0 & 0 & 0 & 0 & 0 & 0 & 0 & 0 & 0 & 0 \\
0 & 0 & 0 & 0 & 0 & 0 & 0 & 0 & 0 & 0 & 0 & 0 & 0 & 0 & 0 & 0 & 0 & 0 & 0 & 0 & 0 & 0 & 0 & 0 \\
0 & 0 & 0 & 0 & 0 & 0 & 0 & 0 & 0 & 0 & 0 & 0 & 0 & 0 & 0 & 0 & 0 & 0 & 0 & 0 & 0 & 0 & 0 & 0 \\
0 & 0 & 0 & 0 & 0 & 0 & 0 & 0 & 0 & 0 & 0 & 0 & 0 & 0 & 0 & 0 & 0 & 0 & 0 & 0 & 0 & 0 & 0 & 0 \\
0 & 0 & 0 & 0 & 0 & 0 & 0 & 0 & 0 & 0 & 0 & 0 & 0 & 0 & 0 & 0 & 0 & 0 & 0 & 0 & 0 & 0 & 0 & 0 \\
0 & 0 & 0 & 0 & 0 & 0 & 0 & 0 & 0 & 0 & 0 & 0 & 0 & 0 & 0 & 0 & 0 & 0 & 0 & 0 & 0 & 0 & 0 & 0 \\
0 & 0 & 0 & 0 & 0 & 0 & 0 & 0 & 0 & 0 & 0 & 0 & 0 & 0 & 0 & 0 & 0 & 0 & 0 & 0 & 0 & 0 & 0 & 0 \\
0 & 0 & 0 & 0 & 0 & 0 & 0 & 0 & 0 & 0 & 0 & 0 & 0 & 0 & 0 & 0 & 0 & 0 & 0 & 0 & 0 & 0 & 0 & 0 \\
0 & 0 & 0 & 0 & 0 & 0 & 0 & 0 & 0 & 0 & 0 & 0 & 0 & 0 & 0 & 0 & 0 & 0 & 0 & 0 & 0 & 0 & 0 & 0 \\
0 & 0 & 0 & 0 & 0 & 0 & 0 & 0 & 0 & 0 & 0 & 0 & 0 & 0 & 0 & 0 & 0 & 0 & 0 & 0 & 0 & 0 & 0 & 0
\end{bmatrix}$$

$$\bar{b} = \begin{pmatrix}
0.23247 & 0 & 0 & 0 & 0 & 0 & 0 & 0 & 0 & 0 & 0 & 0 & 0 & 0 & 0 & 0 & 0 & 0 & 0 & 0 & 0 \\
0.31449 & 0.30227 & 0 & 0 & 0 & 0 & 0 & 0 & 0 & 0 & 0 & 0 & 0 & 0 & 0 & 0 & 0 & 0 & 0 & 0 & 0 \\
0.17793 & 0.35652 & 0.4309 & 0 & 0 & 0 & 0 & 0 & 0 & 0 & 0 & 0 & 0 & 0 & 0 & 0 & 0 & 0 & 0 & 0 & 0 \\
0.04009 & 0.0566 & 0.15067 & 0.23247 & 0 & 0 & 0 & 0 & 0 & 0 & 0 & 0 & 0 & 0 & 0 & 0 & 0 & 0 & 0 & 0 & 0 \\
0.04448 & 0.05679 & 0.10799 & 0.31449 & 0.30227 & 0 & 0 & 0 & 0 & 0 & 0 & 0 & 0 & 0 & 0 & 0 & 0 & 0 & 0 & 0 & 0 \\
0.02581 & 0.03148 & 0.04817 & 0.0973 & 0.21661 & 0.23247 & 0 & 0 & 0 & 0 & 0 & 0 & 0 & 0 & 0 & 0 & 0 & 0 & 0 & 0 & 0 \\
0.02689 & 0.0323 & 0.04527 & 0.07248 & 0.1275 & 0.29056 & 0.27371 & 0 & 0 & 0 & 0 & 0 & 0 & 0 & 0 & 0 & 0 & 0 & 0 & 0 & 0 \\
0.02226 & 0.02657 & 0.03576 & 0.0499 & 0.07123 & 0.12466 & 0.26407 & 0.27193 & 0 & 0 & 0 & 0 & 0 & 0 & 0 & 0 & 0 & 0 & 0 & 0 & 0 \\
0.01833 & 0.02183 & 0.02896 & 0.03822 & 0.04889 & 0.0697 & 0.11587 & 0.26208 & 0.2681 & 0 & 0 & 0 & 0 & 0 & 0 & 0 & 0 & 0 & 0 & 0 & 0 \\
0.01531 & 0.01821 & 0.02404 & 0.03108 & 0.03798 & 0.04861 & 0.0672 & 0.11701 & 0.26306 & 0.26649 & 0 & 0 & 0 & 0 & 0 & 0 & 0 & 0 & 0 & 0 & 0 \\
0.01343 & 0.01598 & 0.02105 & 0.02701 & 0.03243 & 0.03963 & 0.04965 & 0.07061 & 0.12222 & 0.2714 & 0.27565 & 0 & 0 & 0 & 0 & 0 & 0 & 0 & 0 & 0 & 0 \\
0.01088 & 0.01294 & 0.01704 & 0.02181 & 0.02602 & 0.03124 & 0.03756 & 0.04801 & 0.06786 & 0.11602 & 0.26025 & 0.26858 & 0 & 0 & 0 & 0 & 0 & 0 & 0 & 0 & 0 \\
0.00896 & 0.01065 & 0.01402 & 0.01793 & 0.02135 & 0.02547 & 0.03017 & 0.03693 & 0.04712 & 0.06638 & 0.11498 & 0.26057 & 0.26377 & 0 & 0 & 0 & 0 & 0 & 0 & 0 & 0 \\
0.00774 & 0.00921 & 0.01212 & 0.01549 & 0.01842 & 0.02194 & 0.02584 & 0.03112 & 0.03803 & 0.04839 & 0.0688 & 0.12036 & 0.26759 & 0.2689 & 0 & 0 & 0 & 0 & 0 & 0 & 0 \\
0.00649 & 0.00772 & 0.01015 & 0.01298 & 0.01543 & 0.01836 & 0.02158 & 0.02584 & 0.03105 & 0.03784 & 0.04839 & 0.06907 & 0.11897 & 0.2639 & 0.26814 & 0 & 0 & 0 & 0 & 0 & 0 \\
0.00547 & 0.0065 & 0.00856 & 0.01094 & 0.01301 & 0.01547 & 0.01818 & 0.02172 & 0.02594 & 0.03109 & 0.03803 & 0.04875 & 0.06891 & 0.1185 & 0.26474 & 0.2686 & 0 & 0 & 0 & 0 & 0 \\
0.00464 & 0.00552 & 0.00726 & 0.00928 & 0.01104 & 0.01313 & 0.01542 & 0.0184 & 0.02193 & 0.02613 & 0.03143 & 0.0385 & 0.049 & 0.0691 & 0.11925 & 0.26605 & 0.27056 & 0 & 0 & 0 & 0 \\
0.00387 & 0.00461 & 0.00606 & 0.00775 & 0.00921 & 0.01096 & 0.01287 & 0.01535 & 0.01828 & 0.02174 & 0.02599 & 0.03129 & 0.0381 & 0.0484 & 0.06845 & 0.11783 & 0.26377 & 0.26919 & 0 & 0 & 0 \\
0.00325 & 0.00386 & 0.00508 & 0.00649 & 0.00772 & 0.00918 & 0.01078 & 0.01287 & 0.01532 & 0.0182 & 0.02171 & 0.02598 & 0.03112 & 0.0379 & 0.04825 & 0.06816 & 0.11772 & 0.26408 & 0.26856 & 0 & 0 \\
0.00269 & 0.0032 & 0.00421 & 0.00538 & 0.0064 & 0.00761 & 0.00893 & 0.01066 & 0.01269 & 0.01507 & 0.01797 & 0.02145 & 0.02554 & 0.0306 & 0.03731 & 0.04754 & 0.06738 & 0.11681 & 0.26171 & 0.26516 & 0 \\
0.0145 & 0.01724 & 0.02269 & 0.029 & 0.03449 & 0.04101 & 0.04816 & 0.05746 & 0.0684 & 0.08124 & 0.09679 & 0.11544 & 0.13701 & 0.1627 & 0.19385 & 0.23182 & 0.28057 & 0.34992 & 0.46973 & 0.73484 & 1
\end{pmatrix}$$

$(\bar{I} - \bar{C}) =$

0	0	0	0	0	0	0	0	0
0	0	0	0	0	0	0	0	0
0	0	0.15	0	0	0	0	0	0
0	0	0	0.59	0	0	0	0	0
0	0	0	0	0.90	0	0	0	0
0	0	0	0	0	1	0	0	0
0	0	0	0	0	0	1	0	0
0	0	0	0	0	0	0	1	0
0	0	0	0	0	0	0	0	1
0	0	0	0	0	0	0	0	0
0	0	0	0	0	0	0	0	0
0	0	0	0	0	0	0	0	0
0	0	0	0	0	0	0	0	0
0	0	0	0	0	0	0	0	0
0	0	0	0	0	0	0	0	0
0	0	0	0	0	0	0	0	0
0	0	0	0	0	0	0	0	0
0	0	0	0	0	0	0	0	0
0	0	0	0	0	0	0	0	0
0	0	0	0	0	0	0	0	0
0	0	0	0	0	0	0	0	0

$(\bar{I} - \bar{b}.\bar{C})^{-} =$

1.30289	0	0	0	0	0	0	0	0	0	0	0	0	0	0	0	0	0	0	0	0
0.58726	1.43322	0	0	0	0	0	0	0	0	0	0	0	0	0	0	0	0	0	0	0
0.69847	0.80895	1.58315	0	0	0	0	0	0	0	0	0	0	0	0	0	0	0	0	0	0
0.19371	0.20461	0.22515	1.10417	0	0	0	0	0	0	0	0	0	0	0	0	0	0	0	0	0
0.18586	0.18758	0.18006	0.1451	1.02963	0	0	0	0	0	0	0	0	0	0	0	0	0	0	0	0
0.09236	0.09038	0.07779	0.04659	0.02124	1	0	0	0	0	0	0	0	0	0	0	0	0	0	0	0
0.08899	0.08589	0.07007	0.03424	0.0125	0	1	0	0	0	0	0	0	0	0	0	0	0	0	0	0
0.07114	0.06822	0.05417	0.02335	0.00698	0	0	1	0	0	0	0	0	0	0	0	0	0	0	0	0
0.05787	0.05536	0.04352	0.0178	0.00479	0	0	0	1	0	0	0	0	0	0	0	0	0	0	0	0
0.04811	0.04599	0.03602	0.01445	0.00372	0	0	0	0	1	0	0	0	0	0	0	0	0	0	0	0
0.04215	0.04027	0.03151	0.01255	0.00318	0	0	0	0	0	1	0	0	0	0	0	0	0	0	0	0
0.03413	0.03261	0.0255	0.01013	0.00255	0	0	0	0	0	0	1	0	0	0	0	0	0	0	0	0
0.02809	0.02683	0.02098	0.00833	0.00209	0	0	0	0	0	0	0	1	0	0	0	0	0	0	0	0
0.02427	0.02319	0.01813	0.00719	0.00181	0	0	0	0	0	0	0	0	1	0	0	0	0	0	0	0
0.02034	0.01943	0.01519	0.00603	0.00151	0	0	0	0	0	0	0	0	0	1	0	0	0	0	0	0
0.01715	0.01638	0.01281	0.00508	0.00128	0	0	0	0	0	0	0	0	0	0	1	0	0	0	0	0
0.01455	0.0139	0.01087	0.00431	0.00108	0	0	0	0	0	0	0	0	0	0	0	1	0	0	0	0
0.01214	0.0116	0.00907	0.0036	0.0009	0	0	0	0	0	0	0	0	0	0	0	0	1	0	0	0
0.01018	0.00973	0.0076	0.00302	0.00076	0	0	0	0	0	0	0	0	0	0	0	0	0	1	0	0
0.00843	0.00806	0.0063	0.0025	0.00063	0	0	0	0	0	0	0	0	0	0	0	0	0	0	1	0
0.04546	0.04343	0.03395	0.01347	0.00338	0	0	0	0	0	0	0	0	0	0	0	0	0	0	0	1

Luego obtenemos: $\bar{X} = (\bar{I} - \bar{C})(\bar{I} - \bar{b}.\bar{C})^{-}$

Mallas	dpi	B1	B2	B3	B4	B5	B6	B7	B8	B9	B10	B11	B12	B13	B14	B15	B16	B17	B18	B19	B20	B21	B22
1	126.363	0.805082	1	1	1	1	1	1	1	1	1	1	1	1	1	1	1	1	1	1	1	1	1
2	100.803	0.547771	0.767013	1	1	1	1	1	1	1	1	1	1	1	1	1	1	1	1	1	1	1	1
3	71.279	0.382107	0.445601	0.652684	1	1	1	1	1	1	1	1	1	1	1	1	1	1	1	1	1	1	1
4	38.100	0.254192	0.282728	0.335133	0.516119	1	1	1	1	1	1	1	1	1	1	1	1	1	1	1	1	1	1
5	21.997	0.222342	0.246976	0.290782	0.407	0.741893	1	1	1	1	1	1	1	1	1	1	1	1	1	1	1	1	1
6	15.554	0.184278	0.204597	0.240292	0.323947	0.452122	0.671487	1	1	1	1	1	1	1	1	1	1	1	1	1	1	1	1
7	10.839	0.15915	0.176683	0.20742	0.277787	0.366293	0.463371	0.722893	1	1	1	1	1	1	1	1	1	1	1	1	1	1	1
8	7.664	0.133744	0.148474	0.174281	0.232945	0.301779	0.360287	0.457587	0.687575	1	1	1	1	1	1	1	1	1	1	1	1	1	1
9	5.462	0.116363	0.129179	0.151629	0.202589	0.261539	0.308536	0.37273	0.47589	0.733056	1	1	1	1	1	1	1	1	1	1	1	1	1
10	3.954	0.099195	0.11012	0.129256	0.172677	0.222678	0.261698	0.310956	0.373009	0.47308	0.705516	1	1	1	1	1	1	1	1	1	1	1	1
11	2.803	0.084666	0.093991	0.110324	0.14738	0.190006	0.223093	0.263999	0.31157	0.372165	0.465159	0.707144	1	1	1	1	1	1	1	1	1	1	1
12	1.975	0.071747	0.079649	0.09349	0.124891	0.161002	0.188993	0.223414	0.262571	0.308606	0.364843	0.459593	0.697927	1	1	1	1	1	1	1	1	1	1
13	1.173	0.052294	0.058053	0.068141	0.091028	0.117345	0.137738	0.162775	0.191077	0.223528	0.259843	0.306055	0.366938	0.554002	1	1	1	1	1	1	1	1	1
14	0.589	0.037977	0.04216	0.049486	0.066107	0.085219	0.100028	0.118208	0.138751	0.162269	0.188432	0.220968	0.260126	0.334762	0.551433	1	1	1	1	1	1	1	1
15	0.352	0.032463	0.036038	0.042301	0.056508	0.072845	0.085504	0.101044	0.118604	0.138705	0.161061	0.188831	0.222097	0.28341	0.409128	0.709078	1	1	1	1	1	1	1
16	0.250	0.027656	0.030702	0.036037	0.048141	0.062059	0.072843	0.086083	0.101042	0.118166	0.13721	0.160859	0.189156	0.240853	0.335115	0.464721	0.704713	1	1	1	1	1	1
17	0.176	0.023452	0.026035	0.030559	0.040823	0.052625	0.06177	0.072997	0.085682	0.100203	0.116351	0.136404	0.160389	0.204115	0.281361	0.364915	0.459371	0.698776	1	1	1	1	1
18	0.124	0.019985	0.022186	0.026041	0.034788	0.044845	0.052638	0.062205	0.073015	0.085389	0.09915	0.116237	0.136675	0.173915	0.239212	0.305235	0.364291	0.461541	0.705061	1	1	1	1
19	0.088	0.017075	0.018956	0.02225	0.029723	0.038316	0.044975	0.053149	0.062385	0.072958	0.084715	0.099315	0.116777	0.148591	0.204272	0.259611	0.305631	0.366619	0.4659	0.708491	1	1	1
20	0.063	0.014634	0.016245	0.019068	0.025473	0.032837	0.038544	0.045549	0.053464	0.062525	0.072602	0.085114	0.100079	0.127342	0.175039	0.222237	0.260734	0.30831	0.370304	0.469717	0.712469	1	1
21	0.045	0.012547	0.013929	0.01635	0.021841	0.028156	0.033049	0.039055	0.045842	0.053611	0.062251	0.072979	0.085811	0.109187	0.150078	0.190497	0.223299	0.263061	0.311142	0.372541	0.471511	0.713122	1
22	0.019	0	0	0	0	0	0	0	0	0	0	0	0	0	0	0	0	0	0	0	0	0	0

ANEXO 3:

Tabla 4.12: Distribución granulométrica de la Función Fractura. CH-1

$\bar{X} =$

0	0	0	0	0	0	0	0	0	0	0	0	0	0	0	0	0	0	0	0	0
0	0	0	0	0	0	0	0	0	0	0	0	0	0	0	0	0	0	0	0	0
0.10139	0.11743	0.22982	0	0	0	0	0	0	0	0	0	0	0	0	0	0	0	0	0	0
0.1151	0.12157	0.13378	0.65607	0	0	0	0	0	0	0	0	0	0	0	0	0	0	0	0	0
0.16816	0.16972	0.16292	0.13129	0.9316	0	0	0	0	0	0	0	0	0	0	0	0	0	0	0	0
0.09236	0.09038	0.07779	0.04659	0.02124	1	0	0	0	0	0	0	0	0	0	0	0	0	0	0	0
0.08899	0.08589	0.07007	0.03424	0.0125	0	1	0	0	0	0	0	0	0	0	0	0	0	0	0	0
0.07114	0.06822	0.05417	0.02335	0.00698	0	0	1	0	0	0	0	0	0	0	0	0	0	0	0	0
0.05787	0.05536	0.04352	0.0178	0.00479	0	0	0	1	0	0	0	0	0	0	0	0	0	0	0	0
0.04811	0.04599	0.03602	0.01445	0.00372	0	0	0	0	1	0	0	0	0	0	0	0	0	0	0	0
0.04215	0.04027	0.03151	0.01255	0.00318	0	0	0	0	0	1	0	0	0	0	0	0	0	0	0	0
0.03413	0.03261	0.0255	0.01013	0.00255	0	0	0	0	0	0	1	0	0	0	0	0	0	0	0	0
0.02809	0.02683	0.02098	0.00833	0.00209	0	0	0	0	0	0	0	1	0	0	0	0	0	0	0	0
0.02427	0.02319	0.01813	0.00719	0.00181	0	0	0	0	0	0	0	0	1	0	0	0	0	0	0	0
0.02034	0.01943	0.01519	0.00603	0.00151	0	0	0	0	0	0	0	0	0	1	0	0	0	0	0	0
0.01715	0.01638	0.01281	0.00508	0.00128	0	0	0	0	0	0	0	0	0	0	1	0	0	0	0	0
0.01455	0.0139	0.01087	0.00431	0.00108	0	0	0	0	0	0	0	0	0	0	0	1	0	0	0	0
0.01214	0.0116	0.00907	0.0036	0.0009	0	0	0	0	0	0	0	0	0	0	0	0	1	0	0	0
0.01018	0.00973	0.0076	0.00302	0.00076	0	0	0	0	0	0	0	0	0	0	0	0	0	1	0	0
0.00843	0.00806	0.0063	0.0025	0.00063	0	0	0	0	0	0	0	0	0	0	0	0	0	0	1	0
0.04546	0.04343	0.03395	0.01347	0.00338	0	0	0	0	0	0	0	0	0	0	0	0	0	0	0	1

ANEXO 4:

Tabla 4.16: Distribución granulométrica de la Función Fractura. CH-3

ANEXO 5: Matriz de Proceso – Molienda.

Mallas	dpi	B1	B2	B3	B4	B5	B6	B7	B8	B9	B10	B1	B12	B13	B14	B15	B16	B17	B18	B19	B29	B21	B22
1	126.363	0.832016	1	1	1	1	1	1	1	1	1	1	1	1	1	1	1	1	1	1	1	1	1
2	100.803	0.503934	0.793283	1	1	1	1	1	1	1	1	1	1	1	1	1	1	1	1	1	1	1	1
3	71.279	0.157742	0.305204	0.659598	1	1	1	1	1	1	1	1	1	1	1	1	1	1	1	1	1	1	1
4	38.100	-0.07227	-0.03971	0.051749	0.448134	1	1	1	1	1	1	1	1	1	1	1	1	1	1	1	1	1	1
5	21.997	-0.09375	-0.07848	-0.02821	0.216673	0.766324	1	1	1	1	1	1	1	1	1	1	1	1	1	1	1	1	1
6	15.554	-0.1007	-0.09936	-0.08352	0.029173	0.319527	0.683712	1	1	1	1	1	1	1	1	1	1	1	1	1	1	1	1
7	10.839	-0.09574	-0.09993	-0.09875	-0.04627	0.12069	0.34372	0.745114	1	1	1	1	1	1	1	1	1	1	1	1	1	1	1
8	7.664	-0.08448	-0.09169	-0.09955	-0.08829	-0.01092	0.106878	0.331363	0.703607	1	1	1	1	1	1	1	1	1	1	1	1	1	1
9	5.462	-0.07393	-0.0819	-0.09299	-0.09972	-0.06511	0.000591	0.135677	0.369856	0.75655	1	1	1	1	1	1	1	1	1	1	1	1	1
10	3.954	-0.06186	-0.0697	-0.08195	-0.09926	-0.09361	-0.06495	0.004871	0.13633	0.364064	0.725047	1	1	1	1	1	1	1	1	1	1	1	1
11	2.803	-0.05082	-0.05797	-0.06985	-0.09121	-0.10084	-0.09342	-0.06253	0.005968	0.134355	0.347505	0.726955	1	1	1	1	1	1	1	1	1	1	1
12	1.975	-0.04071	-0.0469	-0.05759	-0.07935	-0.09633	-0.10085	-0.09327	-0.06404	0.000713	0.117339	0.33567	0.716071	1	1	1	1	1	1	1	1	1	1
13	1.173	-0.02576	-0.03009	-0.03788	-0.05572	-0.07458	-0.0866	-0.09686	-0.10082	-0.09322	-0.06684	-0.00371	0.122186	0.514367	1	1	1	1	1	1	1	1	1
14	0.589	-0.0157	-0.01851	-0.0237	-0.0363	-0.05125	-0.06248	-0.07514	-0.08712	-0.09671	-0.10084	-0.09434	-0.06656	0.050978	0.510085	1	1	1	1	1	1	1	1
15	0.352	-0.0122	-0.01444	-0.0186	-0.02892	-0.04157	-0.05147	-0.06323	-0.0754	-0.0871	-0.09635	-0.10085	-0.09386	-0.03878	0.221681	0.729214	1	1	1	1	1	1	1
16	0.250	-0.00939	-0.01114	-0.01444	-0.02272	-0.03316	-0.04157	-0.05192	-0.06322	-0.07512	-0.08633	-0.09628	-0.10085	-0.08313	0.051711	0.346579	0.724103	1	1	1	1	1	1
17	0.176	-0.00713	-0.00849	-0.01106	-0.01759	-0.02601	-0.03294	-0.04169	-0.05161	-0.06261	-0.07393	-0.08591	-0.09614	-0.09945	-0.04156	0.117506	0.335193	0.717081	1	1	1	1	1
18	0.124	-0.00545	-0.0065	-0.0085	-0.01364	-0.02037	-0.02601	-0.03327	-0.0417	-0.05138	-0.06183	-0.07385	-0.08605	-0.09948	-0.08427	-0.00511	0.116066	0.33983	0.724512	1	1	1	1
19	0.088	-0.00416	-0.00498	-0.00653	-0.01057	-0.01592	-0.02046	-0.02639	-0.03341	-0.04166	-0.05086	-0.06195	-0.07421	-0.09174	-0.09942	-0.06707	-0.00444	0.121447	0.349069	0.728529	1	1	1
20	0.063	-0.00319	-0.00382	-0.00503	-0.00819	-0.01243	-0.01607	-0.02087	-0.02663	-0.03352	-0.04138	-0.05116	-0.06252	-0.08083	-0.09967	-0.0938	-0.06594	0.000197	0.13001	0.357075	0.733156	1	1
21	0.045	-0.00244	-0.00293	-0.00386	-0.00633	-0.00967	-0.01256	-0.01641	-0.02108	-0.02674	-0.03331	-0.04167	-0.05171	-0.06905	-0.09236	-0.10083	-0.09333	-0.06352	0.005203	0.135234	0.36081	0.733912	1
22	0.019	0	0	0	0	0	0	0	0	0	0	0	0	0	0	0	0	0	0	0	0	0	0

$$\bar{X} = \bar{T}.\bar{A}.\bar{T}^-$$

$\bar{T}$: **matriz cuadrada de tamaño nxn**

- $\bar{T}_i$: *matriz columna de tamaño ix1; i matrices $\bar{T}_i$, conforman la matriz $\bar{T}$*

$$\bar{T}_i = \left[(\bar{b} - \bar{I})\bar{S} + S_i.\bar{I} + \bar{J}_i\right]^{-}.\bar{\Psi}_i$$

Además:

$$\bar{b}, \bar{S}, \bar{I}: matrices\ de\ tamaño\ ixi$$
$$S_i: S_1, S_2, S_3 \ldots\ldots$$
$$\bar{J}_i : matriz\ de\ tamañoi\ ixi$$
$$\bar{\Psi}_i: matriz\ columna\ de\ tamaño\ ix1$$

Se muestra la matriz $\bar{T}$:

$$\bar{A} =
\begin{vmatrix}
0.99999994 & 0 & 0 & 0 & 0 & 0 & 0 & 0 & 0 & 0 & 0 & 0 \\
0 & 0.99999978 & 0 & 0 & 0 & 0 & 0 & 0 & 0 & 0 & 0 & 0 \\
0 & 0 & 0.99999949 & 0 & 0 & 0 & 0 & 0 & 0 & 0 & 0 & 0 \\
0 & 0 & 0 & 0.99999878 & 0 & 0 & 0 & 0 & 0 & 0 & 0 & 0 \\
0 & 0 & 0 & 0 & 0.9999971 & 0 & 0 & 0 & 0 & 0 & 0 & 0 \\
0 & 0 & 0 & 0 & 0 & 0.99999309 & 0 & 0 & 0 & 0 & 0 & 0 \\
0 & 0 & 0 & 0 & 0 & 0 & 0.99998399 & 0 & 0 & 0 & 0 & 0 \\
0 & 0 & 0 & 0 & 0 & 0 & 0 & 0.99995999 & 0 & 0 & 0 & 0 \\
0 & 0 & 0 & 0 & 0 & 0 & 0 & 0 & 0.99990632 & 0 & 0 & 0 \\
0 & 0 & 0 & 0 & 0 & 0 & 0 & 0 & 0 & 0.99978422 & 0 & 0 \\
0 & 0 & 0 & 0 & 0 & 0 & 0 & 0 & 0 & 0 & 0.99950434 & 0 \\
0 & 0 & 0 & 0 & 0 & 0 & 0 & 0 & 0 & 0 & 0 & 1 \\
0.00105 & 0.00401 & 0.01178 & 0.02900 & 0.07317 & 0.19440 & 0.50849 & 1.00 & 0 & 0 & 0 & 0 \\
0.00041 & 0.00157 & 0.00458 & 0.01111 & 0.02729 & 0.06948 & 0.17231 & 0.51495 & 1.00 & 0 & 0 & 0 \\
0.00018 & 0.00067 & 0.00193 & 0.00466 & 0.01128 & 0.02798 & 0.06661 & 0.18708 & 0.54147 & 1.00 & 0 & 0 \\
0.00008 & 0.00029 & 0.00084 & 0.00201 & 0.00483 & 0.01179 & 0.02737 & 0.07339 & 0.19966 & 0.54775 & 1.00 & 0 \\
-1.18329 & -1.22565 & -1.49367 & -1.49334 & -1.49580 & -1.50771 & -1.45246 & -1.43211 & -1.41604 & -1.22738 & -0.68040 & 1
\end{vmatrix}$$

$\bar{A}$: *matriz cuadrada de tamaño ixi*

$$\bar{A} = diag.\,(e^{-S_i.t})$$

Para:

$t = 15\ min.$

$S_1 = 3.94\text{E-}09\;;\quad S_2 = 1.43\text{E-}08\;;\quad S_3 = 3.41\text{E-}08\;;\dots S_{11} = 3.31\text{E-}05\;;\quad S_{12} = 0$

Se muestra la matriz $\bar{A}$.

$\overline{T}^-$: *matriz inversa de tamaño ixi*

Se Muestra la matriz $\overline{T}^-$

$$\overline{T}^- = \begin{vmatrix}
1 & 0 & 0 & 0 & 0 & 0 & 0 & 0 & 0 & 0 & 0 & 0 \\
-0.36707 & 1 & 0 & 0 & 0 & 0 & 0 & 0 & 0 & 0 & 0 & 0 \\
0.06362 & -0.41504 & 1 & 0 & 0 & 0 & 0 & 0 & 0 & 0 & 0 & 0 \\
-0.01291 & 0.06560 & -0.52094 & 1 & 0 & 0 & 0 & 0 & 0 & 0 & 0 & 0 \\
0.00187 & -0.01480 & 0.08671 & -0.52123 & 1 & 0 & 0 & 0 & 0 & 0 & 0 & 0 \\
-0.00049 & 0.00184 & -0.01871 & 0.08649 & -0.52242 & 1 & 0 & 0 & 0 & 0 & 0 & 0 \\
0.00005 & -0.00060 & 0.00271 & -0.01934 & 0.09246 & -0.53363 & 1 & 0 & 0 & 0 & 0 & 0 \\
-0.00002 & 0.00001 & -0.00076 & 0.00216 & -0.01863 & 0.07694 & -0.50849 & 1 & 0 & 0 & 0 & 0 \\
0.00000 & -0.00002 & 0.00006 & -0.00067 & 0.00267 & -0.01715 & 0.08954 & -0.51495 & 1 & 0 & 0 & 0 \\
0.00000 & 0.00000 & -0.00004 & 0.00005 & -0.00078 & 0.00246 & -0.01997 & 0.09176 & -0.54148 & 1 & 0 & 0 \\
0.00000 & 0.00000 & 0.00000 & -0.00003 & 0.00007 & -0.00076 & 0.00301 & -0.02084 & 0.09694 & -0.54776 & 1 & 0 \\
0.81123 & 0.68342 & 0.82012 & 0.81817 & 0.81862 & 0.82103 & 0.82858 & 0.80136 & 0.81740 & 0.85469 & 0.68040 & 1
\end{vmatrix}$$

Finalmente se muestra la matriz. $\bar{X} = \bar{T}\bar{A}\bar{T}^{-}$

$$\bar{X} = \begin{vmatrix}
1.00 & -1.9E\text{-}16 & -9.4E\text{-}17 & 1.9E\text{-}16 & -9.4E\text{-}17 & -9.4E\text{-}17 & 9.4E\text{-}17 & 9.4E\text{-}17 & -9.4E\text{-}17 & 9.4E\text{-}17 & 0 & 0 \\
5.7E\text{-}08 & 1.00 & -1.4E\text{-}16 & -1.5E\text{-}16 & -3.4E\text{-}17 & -1.4E\text{-}16 & 1.4E\text{-}16 & 1.4E\text{-}16 & 7.3E\text{-}17 & 3.4E\text{-}17 & 0 & 0 \\
-5.0E\text{-}09 & 1.2E\text{-}07 & 1.00 & 1.9E\text{-}17 & -1.9E\text{-}16 & 1.3E\text{-}16 & -1.3E\text{-}16 & 2.4E\text{-}16 & -1.5E\text{-}16 & -8.3E\text{-}17 & 0 & 0 \\
8.6E\text{-}09 & -2.0E\text{-}09 & 3.7E\text{-}07 & 1.00 & -9.8E\text{-}17 & -1.5E\text{-}16 & -7.5E\text{-}17 & 3.3E\text{-}18 & -8.2E\text{-}17 & 1.8E\text{-}16 & -5.6E\text{-}17 & 0 \\
4.6E\text{-}10 & 2.8E\text{-}08 & -1.5E\text{-}08 & 8.8E\text{-}07 & 1.00 & 2.1E\text{-}17 & 2.0E\text{-}16 & -1.3E\text{-}16 & 8.2E\text{-}17 & 1.0E\text{-}16 & 2.6E\text{-}17 & 0 \\
2.7E\text{-}09 & 4.9E\text{-}09 & 8.0E\text{-}08 & -3.4E\text{-}08 & 2.1E\text{-}06 & 1.00 & -4.1E\text{-}18 & -1.7E\text{-}16 & -6.3E\text{-}17 & -1.8E\text{-}16 & 1.9E\text{-}17 & 0 \\
8.0E\text{-}10 & 9.1E\text{-}09 & 9.1E\text{-}09 & 1.9E\text{-}07 & -9.6E\text{-}08 & 4.9E\text{-}06 & 1.00 & 3.4E\text{-}17 & -4.2E\text{-}17 & -1.0E\text{-}16 & 6.4E\text{-}17 & 0 \\
1.1E\text{-}09 & 4.4E\text{-}09 & 2.7E\text{-}08 & 3.0E\text{-}08 & 4.8E\text{-}07 & -7.5E\text{-}08 & 1E\text{-}05 & 1.00 & -1.5E\text{-}17 & 7.5E\text{-}17 & 3.2E\text{-}17 & 0 \\
5.1E\text{-}10 & 3.7E\text{-}09 & 9.0E\text{-}09 & 5.8E\text{-}08 & 5.0E\text{-}08 & 1.0E\text{-}06 & -7E\text{-}07 & 2.8E\text{-}05 & 1.00 & 1.6E\text{-}16 & 1.1E\text{-}17 & 0 \\
4.6E\text{-}10 & 2.2E\text{-}09 & 1.0E\text{-}08 & 2.2E\text{-}08 & 1.4E\text{-}07 & 1.4E\text{-}07 & 3E\text{-}06 & -1.2E\text{-}06 & 6.6E\text{-}05 & 1.00 & -6.0E\text{-}17 & 0 \\
2.8E\text{-}10 & 1.7E\text{-}09 & 5.5E\text{-}09 & 2.4E\text{-}08 & 5.1E\text{-}08 & 3.3E\text{-}07 & 2E\text{-}07 & 6.2E\text{-}06 & -2.8E\text{-}06 & 0.00015 & 1.00 & 0 \\
6.7E\text{-}10 & 3.8E\text{-}09 & 1.4E\text{-}08 & 4.6E\text{-}08 & 1.6E\text{-}07 & 5.3E\text{-}07 & 2E\text{-}06 & 6.3E\text{-}06 & 2.2E\text{-}05 & 0.00008 & 0.00034 & 1
\end{vmatrix}$$

ANEXO 6: Corroborando los datos simulados ante los experimentales

Tabla 4.18. Distribución Granulométrica-Datos Experimenta

I.T	Malla	Tamaño(micrones)		Tiempo de Molienda(minutos)						
		Maximo	Minimo	0	0.5	1	3	7	15	30
1	10/14	2000	1410	0.13	0.07	0.05	0.02	0.00	0.00	0.00
2	14/20	1410	841	0.23	0.15	0.11	0.03	0.00	0.00	0.00
3	20/30	841	595	0.10	0.08	0.06	0.02	0.00	0.00	0.00
4	30/40	595	420	0.09	0.10	0.09	0.03	0.00	0.00	0.00
5	40/50	420	297	0.06	0.08	0.08	0.04	0.00	0.00	0.00
6	50/70	297	210	0.07	0.09	0.11	0.10	0.02	0.00	0.00
7	70/100	210	150	0.05	0.06	0.08	0.11	0.05	0.00	0.00
8	100/150	150	104	0.05	0.07	0.08	0.14	0.13	0.02	0.00
9	150/200	104	74	0.03	0.05	0.05	0.09	0.14	0.08	0.01
10	200/270	74	53	0.03	0.05	0.06	0.09	0.15	0.17	0.07
11	270/400	53	38	0.02	0.03	0.03	0.05	0.08	0.12	0.11
12	0	38	0	0.14	0.18	0.20	0.29	0.42	0.60	0.81
			SUMA:	1.0006	0.9996	1.0004	0.9996	0.9971	0.9998	0.9998

Tabla 4.21. Distribución Granulométrica- Simulados por Regresión No Lineal.

I.T	Malla	Tamaño(micrones)		Tiempo de Molienda(minutos)						
		Maximo	Minimo	0	0.5	1	3	7	15	30
1	10/14	2000	1410	0.13	0.12	0.05	0.00	0.00	0.00	0.00
2	14/20	1410	841	0.23	0.21	0.11	0.00	0.00	0.00	0.00
3	20/30	841	595	0.10	0.09	0.07	0.00	0.00	0.00	0.00
4	30/40	595	420	0.09	0.08	0.08	0.01	0.00	0.00	0.00
5	40/50	420	297	0.06	0.06	0.08	0.04	0.01	0.00	0.00
6	50/70	297	210	0.07	0.06	0.09	0.10	0.05	0.00	0.00
7	70/100	210	150	0.05	0.04	0.07	0.10	0.09	0.01	0.00
8	100/150	150	104	0.05	0.05	0.07	0.12	0.12	0.03	0.00
9	150/200	104	74	0.03	0.03	0.05	0.09	0.10	0.07	0.01
10	200/270	74	53	0.03	0.03	0.05	0.08	0.09	0.09	0.04
11	270/400	53	38	0.02	0.02	0.03	0.05	0.06	0.09	0.06
12	0	38	0	0.14	0.21	0.20	0.28	0.33	0.62	0.72
			SUMA:	1.0001	0.9980	0.9353	0.8677	0.8487	0.9141	0.8285
			ERROR:	2.90E-07	0.0101189	0.0006075	0.0027184	0.0086756	0.0071719	0.0397556

Printed by Books on Demand GmbH, Norderstedt / Germany